李清军 主编

想要成功，又何须畏首畏尾

北京工艺美术出版社

图书在版编目（CIP）数据

想要成功，又何须畏首畏尾 / 李清军主编 .— 北京：北京工艺美术出版社，2017.6

（励志 · 坊）

ISBN 978-7-5140-1214-9

Ⅰ . ①想… Ⅱ . ①李… Ⅲ . ①成功心理—通俗读物 Ⅳ . ① B848.4-49

中国版本图书馆 CIP 数据核字（2017）第 030014 号

出 版 人：陈高潮
责任编辑：杨世君
封面设计：天下装帧设计
责任印制：宋朝晖

想要成功，又何须畏首畏尾

李清军 主编

出　版	北京工艺美术出版社
发　行	北京美联京工图书有限公司
地　址	北京市朝阳区化工路甲 18 号 中国北京出版创意产业基地先导区
邮　编	100124
电　话	（010）84255105（总编室） （010）64283630（编辑室） （010）64280045（发　行）
传　真	（010）64280045 / 84255105
网　址	www.gmcbs.cn
经　销	全国新华书店
印　刷	三河市天润建兴印务有限公司
开　本	710 毫米 × 1000 毫米　1/16
印　张	18
版　次	2017 年 6 月第 1 版
印　次	2017 年 6 月第 1 次印刷
印　数	1 ~ 6000
书　号	ISBN 978-7-5140-1214-9
定　价	39.80 元

目录
CONTENTS

人生仅有一次，不妨大胆一些

003 梦想还未实现之前，你就不能放弃

011 成功者的字典里没有「借口」二字

014 没有被打垮的勇士，只有被吓倒的懦夫

016 告别那个畏畏缩缩的自己

022 当你觉得生活没意思时，不妨停下来一会儿

028 人生，冲动一次又何妨

032 不向命运低头，你就赢了

038 别让你的苦难毫无价值可言

041 年纪轻轻就怕摔倒

046 就不要再忽悠自己在努力了

目录
CONTENTS

我有愿赌服输的孤胆，也有坚持下去的决断

053 你都没去努力，光嘴说有什么用
056 总有些路，需要你一个人去走
058 好花不常开，好日子不常在
061 放弃才是最重要的选择
063 熬都没熬过，急什么
065 能让你坚持下去的，都是你心甘情愿的
068 愿赌就要服输，大不了重新开始
071 哪怕头破血流，也要死磕到底
076 唯有更强，才能见识更广
080 不要轻易否定自己
084 在「贫穷」中改变自己
088 被现实打败又如何？大不了再试一次
093 努力到让自己刮目相看

跳出你的舒适区，往前跑

099 谁的成功不曾满载辛苦奋斗的历程

103 不是别人比你更幸运，而是别人比你更努力

108 青春不止，梦想不停，努力不断

111 没有意义的生活才让人疲于应对

116 既然选择了远方，便只顾风雨兼程

121 学会与你肩上的负担和平共处

124 生活总有不顺，你需咬牙坚持

128 你明明一事无成还安慰自己难得安逸

133 跳出舒适区，遇见惊喜

137 过得别太舒服了

目录
CONTENTS

跌倒又怎样，爬起来就是

143 生活有泥泞不堪，也会有鸟语花香
147 就别在死胡同里死撑了
150 跌倒了，你要这样爬起来
154 感谢那些艰难，让我成了最好的我
157 越是阴霾，越要处变不惊
161 若是不坚强，懦弱给谁看
164 即便酸甜苦辣百般滋味，我心依愉悦
167 将苦难的沙浇灌成闪耀的珍珠
170 总有一天，你会被世界温柔以待
174 每一段艰辛的路程都有意想不到的收获
179 天大地大，难一下又如何
182 那些阻碍，多半是假象

有教养地
去追逐成功

189 只要内心足够坚强，你就无须讨好所有人

193 做一个能接纳他人的修养之人

197 通点情，达点理

200 你需要把自己当回事儿

203 可别让你的脸上负能量爆棚

207 优雅为人，教养处事

210 学会在「不好意思」前说「不」

216 不好意思，你的性子直让人觉得讨厌

222 不要急着否认自己，你也有自己的价值

226 发挥你的魅力值

229 接受不完美的自己

目录
CONTENTS

愿你内心坚强，不负前行

235 所有的快乐源于你的内心强大
239 磨难是每个人变得更好的必需品
244 讷于言，敏于行
247 每个人的内心都有疤痕
250 别高估了自己，去试试就知道了
255 口味那么多，你总会知道自己想要哪一种
259 别让焦虑束缚住了你前行的脚步
263 你不需要委曲求全地将选择权交给他人
267 你总是在害怕，然后总是什么都做不成
274 愿你坚强，不再软弱

第一辑

人生仅有一次，不妨大胆一些

我们想要获得幸福的生活，唯一的途径就是摒弃借口，用决心、热心、责任心去对待生活，百折不挠地挑战，奋斗、失败，再奋斗、再失败……直到最终成功。

梦想还未实现之前，你就不能放弃

梦想只有实现了，才是美好的，没有实现的梦想，会化成顽疾，长在心脏的某个部位，一旦念想起来，就会隐隐作痛。

[1]

每个人都有过做梦的年纪，有些人拼尽一生，去追求心中的梦想，有些人的梦想，最后被生活渐渐地消磨殆尽了，最后连自己都忘了曾经的梦想。第一种人，用一生的努力去奋斗，去努力实现梦想，无疑是最幸福的人，第二种人，忘记了自己的梦想，过着平平淡淡的生活，也是挺好。

还有一种人，心中明确自己想要的生活，却是因为各种各样的原因，没有实现自己的梦想，过着自己不舒心的生活，而且坚持过了一生，这样的人，无疑是最为痛苦的。

我们村，有一个我叫哥的人，但是年纪比我大二十多岁，现在已经五十多岁了，是三个孩子的爹了，当年为了考大学，连续考了三年，但是没有考上，最后，就在村子里种地了。其实，种地，也没什么不好，祖祖辈辈的人，都耕耘在土地上，生活平淡安宁。

我这个哥知道我在外面上了大学，就拉着我，说东说西，言语之中，大多是不甘心，为自己当年没有坚持考下去，没有上大学而不甘心，眉眼之间，都能看得见遗憾、后悔，他后悔，自己为什么没有再坚持再考一年，如果坚持下去了，说不定就考上了，听着我的心一揪一揪的，一个五十多岁的人了，还念念不忘当年的高考。

他让我知道，梦想，并不完全是个美好的东西，当它没有实现的时候，它就变得狰狞起来，如同肉中刺、眼中钉，时不时会去挠你的心，折磨你，让你的一生都过不得安宁。

就像我这个哥一样，他考了三次，都没有考上大学，也算是个坚持有毅力的人了，在他那个年代，作为农村人，不干农活，考了三次高考，家里也算是拼尽全力支持他了，毕竟那个时候的农村人，还是以土地为本的，没有哪家的大小伙会一直手捧着书本，不顾家里的现实条件，去追求自己的大学梦想。

我的这个哥，把他的不甘心和唏嘘之情，都讲给我听，我能体会到，他的眼里不只有黄土地和地上的庄稼，他是不喜欢这样的生活的，他向往的生活是去象牙塔学习，然后去城里工作，他喜欢和有文化的人交流，虽然我不敢自居是个有文化的人，在他的眼里，我勉强还算是，他和我说了许多话，而且这些话，对我的影响很大。

他让我知道有梦想并不是一件幸福的事情，它有可能会演变成这一辈子魂牵梦萦，而且撕扯不断，埋藏在心里，成为后来自舔伤口的东西。

对于大学生活的憧憬和向往，对躬耕黄土地的不甘心，虽然几十年的岁月已经过去了，但是他对大学梦想的追求并没有忘记，而且随着酝酿在心底的时间越长，发酵的愈发厉害。

我的这个哥说，当年他考第三次的时候，家里的经济已经不足以支持他在县城求学了，他也给了自己最后一次机会，说服自己，若是考不中，就回家种田，不再做大学梦。

命运并没有眷顾他，第三次仍旧没有考中，他回了家，放下了笔和纸，拿起了锄头，和大多数的人一样，在黄土中刨食，然后很快就娶了相距不远村子的姑娘，那个姑娘只读了小学二年级，些许认识几个字，而我这个哥，是上过高中的，两个人就这么过起日子来了。

对于现在的生活，我的这个哥在村子也算是中上的条件了，家里也盖起了二层楼房，加之本身账算得清楚，在村头开了一个小卖部，除了果树和庄稼之外，也能额外补贴家用。

他对我说，梦想只有实现了，才是美好的，没有实现的梦想，会成为一辈子的遗憾，而且这种遗憾会随着生活中的不如意被放大，直到将自己的内心填满，最后化成了顽疾，一直长在心脏的某个部位，一旦念想起来，就会隐隐作痛。

梦想，就是去过自己想过的生活。

[2]

写了一篇关于梦想的文章，这篇文章是我用心写的，我没有写梦想如何如何美好，也没有写自己为了梦想如何如何努力，如何通过奋斗实现了梦想，文章不热血，也不温暖，正如有读者留言，说看完这篇文章之后，有惊悚的感觉。

惊悚感、恐惧感、不适感，是这篇文章所有呈现的东西，也是我想表现的东西，有了撕裂的痛之后，才会有更为深入的思考。

我将自己那些掩埋在记忆中的已经破碎的梦想撕裂开来，赤裸裸地呈现在读者的面前，破碎的梦想，布满了时间的尘埃，如今再次翻出来，看起来必定是不美好的，失去了鸡汤文应该有的温暖感，但是这篇文章引起了广泛的讨论和关注，就这一点，我认为这篇文章是有价值的。

我们这么努力，这么拼，不仅仅是为了梦想实现后的欢愉。

在大学的时候，认识了一个英语系的女生。由于在一个自习室复习考研，英语看不懂的长难句和语法，我就会请教她，渐渐地，大家就熟络起来。

有一次，在学校碰到她，就一起去食堂吃饭，吃饭的时候，就坐在食堂里面聊天，可能是考研的时候，大家都十分压抑，而且我和她属于熟悉又不是太熟的关系，她也没什么顾忌地给我讲了她的一些事情。

她说，她大一和大二，周六周天都出去当家教，赚生活费，她说其实她得家里情况还行，不用兼职也能供她上学，只是她感觉能帮家里分担一点，就是一点。

由于，她每周六周天都要出去，所以她们宿舍姐妹们的逛街、看电影、聚餐她几乎都没参加过，所以她在宿舍里，就是一个透明人。

她说她有时候也感觉很孤独，可是她说她的理想大学是北外，当年高考没考上，所以她一直想弥补这个缺憾。

为了能够实现这个理想，她几乎把所有的时间都用在了学习上，每学期都能拿到一等奖学金。

当宿舍的姐妹们还在专四纠结的时候，她已经过了专八，辅修的二外法语已经过了大学四级。

为了考这些证书，她几乎没有给自己留任何的时间，没有恋爱的时间，没有逛街的时间，她觉得自己就是一个机器，有时候，还会受到一些人的冷嘲热讽。

晚上回到宿舍的时候，宿舍的姑娘们不是贴面膜，就是讨论哪个牌子的化妆品好，她洗把脸，戴上耳机听BBC。

大学三年，她和宿舍的人一直保持着一种近乎陌生的状态。

她说她的内心是非常渴望能和大家一起逛街的，她还说，她也喜欢逛街看电影，可是她没有时间，因为没有时间，她和寝室的姐们交流就很少，而且大家似乎也不太愿意很她说话。

我问，你大学里这么充实，这么累，你觉得值吗?

她笑了说，考研这么辛苦，你觉得值吗?

我说，能考上的话，就值了。

她说，考不考得上都值，我们这么努力，在考研过程中收获到的不光是知识，还有许多别人体会不到的东西，一定是值得，而且，我坚信，我一定能考上的。

我说，就是感觉挺累的，宿舍的都在打游戏。

她说，确实有点累，不过为了能够去理想的大学，为了实现自己的梦想，我就有了坚持下去的动力了。追求梦想的过程，所有的辛苦、汗水、努力、心酸、孤独、彷徨，在外人看起来凄凄惨惨，只有我们知道，这些东西，才是我们最欢喜的感受。

[3]

有一次，回家坐火车，邻座是一个姑娘，一般我是不善于和陌生人交流的，而且也不会主动开口。

可是，这个姑娘却先开口了，她问我，家是不是陕西的，我说是。

她说她是来陕西旅行的，我猜也是，因为她的那个大背包，简直太大了，根本不像是放暑假回家的学生

姑娘是热情的，我们两个人就聊了起来，知道她才上大二，比我小好几岁，但是和她聊的过程中，发现她得思维和见识，有些地方我不得不佩服。

她说，这个背包里面有睡袋，有帐篷，有小药包……

她说去云南的时候，住在当地一个大姐姐的家里，大姐姐对她很好，给

她做了许多好吃的。

她还说，她寒假去了漠河，看了雪乡的美景，雪能埋没到膝盖……

她讲得兴奋，我也听得惊讶和羡慕，没想到一个小姑娘，竟然去了那么多的地方。

我问她，在旅行的路上遇到过什么困难吗？

她说，太多了。

遇到过小偷，把钱包偷了，身无分文，后来求助警察才回了家，不过过了几天，又出发了。

还有一次，爬山的时候，把腿磕破了，血哗哗地流，幸好带了药包。

听着她讲自己的悲惨遭遇，竟然在小姑娘的嘴里口中也充满了传奇和曲折，她也讲得欢快，根本听不出一点儿的悲伤。

我说，一个小姑娘独自旅行，你不害怕遇到坏人吗？

她说，遇到好人总比坏人多呀，我旅行就是为了遇见更多的人，为了看更多的风景，再说了，我也很聪明，都会走安全的路，有时候会和一些背包客一起结伴，所以很安全的。

她说她喜欢旅行，哪怕在旅行的途中可能会遇到一些困难，可是不能因为这些困难，就不出去呀，她说她很多的朋友同学，都说要去旅行，但是最后都没有去成。实现梦想的路途中，肯定有曲折，有失败，有危险，可是因为这些，不去实现的话，梦想就只成了“梦”和“想”。

[4]

小黑，是我在网上认识的一个朋友。

他写字的时间比我还晚一点，但是现在，他已经成了人气作家，虽然和一线“大神”还有差距，但是每个月写字的收入已经超过2万了，有了一批忠实的粉丝，养家足够了，算是二线“大神”，让我羡慕不已，然而，我还在十八线开外。

唐家三少、血红、耳根……这些“大神”，也和他成了朋友，让我艳羡不已。

能和顶尖大神做朋友，是我多年来的梦想，这个梦想还在路上。

比起小黑，我在写字这上面的付出和努力，不值一提。

小黑，是大专毕业就出来工作的，他是跑销售的，他说他不喜欢这个工作，自从看了网上几个“大神”的小说之后，就迷上了网络文学，他说他羡慕那些写字就能养活自己的人，他喜欢这样的职业，这样的生活。

小黑2010年开始写书的时候，也经历过不能签约的苦恼，可是他一直坚持写，当他的书写到60万字的时候，编辑给了一个同情签，所谓同情签，就是当一个作者写字足够努力和勤奋，虽然文不是很好，编辑出于同情，还是会给一个签约。

拿到这个签约后，小黑就更加努力了，他的第一本书，一直写到了200万字，这一本虽然没有赚多少钱，但是却给编辑留下了很好的印象。

有才华的写手很多，但是像小黑这么勤奋的写手不多，就拿我来说吧，我一天最多写4000字，而小黑每天都保持10000字的更新，几乎没有断更过。

他说过，他一定要成为网络写手，成为像辰东、梦入神机、唐家三少、血红这样的“大神”写手。

经过三年的积累，他已经写了三本两百多万字的小说，已经有了一定的知名度，当他第二本书月入1万的时候，他就辞去了工作，专职写书。

作为一个自由职业者，他时常可以出去旅行，只要提前存好稿子，就不怕断更。

小说网站办年会的时候，他见到了他和我共同的偶像们，像耳根，忘语这些“大神”，他还和他们拍了照，我对他现在的圈子十分羡慕。

小黑已经融入到了网络小说名家行列，他有了自己的圈子，他的圈子都是网络文学大神级的人物，而且他现在已经有资本和网站谈判签约合同的价格。

但是，我知道他为了进入这个圈子，所付出的努力和艰辛。

还没有辞职的那段时间，他每天晚上回来写字，每天晚上都要写到凌晨一点多，有时候会写到两三点，然后第二天继续上班。

尤其是，书有推荐的时候，他甚至连续一周，每天写两万字！

他说他那段时间差点快疯了，可是，不疯狂，不成魔，他为他的书吃了大多数人难以承受的苦。

而他曾经的付出，让他已经从了一个小小的推销员，站上了网络文学“大神”的行列，他的努力得到了该有的荣耀。

追求梦想的路上，不是简单的上下嘴皮一动，就能现实的，需要的是坚韧的毅力，繁华背后，尽是沧桑。

我的那个哥对我说，我这一生，如果没有对大学的念想，我会快乐地活一辈子，可是心中有了大学梦，这个梦想是放不下的，这个破碎的梦想，会随着我一辈子。如果你有了梦想，就一定要去实现。

他还告诉我，人生最痛苦的事情，就是明明不喜欢现在的生活，却坚持过了一生。这样的人是失败的，也是痛苦的，是不幸的。要做一个幸福的人，就要在能做梦的时候，用最大的努力去追求自己的梦想。莫在生命的最后，只能说一句：我本可以。

我们还有大好的青春、时间，应该全力追求梦想，万一实现了呢？

成功者的字典里 没有“借口”二字

曾经有一家媒体做过一个调查：生活中，哪种类型的人是你最讨厌的人？

这家媒体收到的答案可谓五花八门，但排名最高的居然是：爱找借口的人。

遇事找借口是工作中的恶习，一个总是为自己寻找借口的人，生活目标不明确，工作态度不积极，缺乏责任感和创造力，最终会自暴自弃，失去成功的机会。

网上一度流传着一个帖子，标题的大意是说：你以为的那些纯粹靠个人奋斗才取得非凡成绩的人，其实大多是因为背景不同寻常。帖子里还列举了马云、巴菲特、比尔·盖茨等响当当的名字，然后附上了他们的背景资料，以证明这些所谓白手起家的成功者，不过全是些依仗家族势力的“官二代”或“富二代”。

很多人看完帖子后都写下了诸如“看完这些，我心理平衡了”，“我说我怎么还没成功，我回去得跟我爸谈谈”这样半认真半调侃的留言。

我也问过身边的一众朋友，凡是看过这个帖子的，也都有着十分相似的感受。一方面，大家觉得自己和梦想之间的距离似乎越来越远了；而另一方面，心中却也松了一口气：“原来我之所以一事无成，并不是自己不努力，而是家族不给力”，“既然背景已经如此了，看来我也不用再继续费力了”。

不知从什么时候起，人们似乎习惯了只要看到一个人有所成就，便一定要找出背后隐藏的潜规则，找出那些刨除在个人奋斗之外的原因。表面看来，人们是在挖掘别人功成名就背后的真相，实际上是在为自己的籍籍无名找一个理由。

而找理由只是第一步，最终的目的是在此之后能安心继续之前拖拉的生活，继续毫无思想包袱地原地踏步："那些有背景的人还需要打拼多年，更何况我？不如算了吧。"

比尔·盖茨说，一个善于为失败准备借口的人，无论怎么掩饰，都是一个不折不扣的懦夫！借口是推诿的挡箭牌，是无能的遮羞布，是懒惰的代名词。一个爱找借口的人，会慢慢形成一种习惯，最终自暴自弃，导致生活变得一团糟。

我个人对这方面就深有体会。大学毕业后，我去了另外一个城市工作，第一次离开父母的我终于可以像一只飞上蓝天的鸟儿一样自由呼吸、惬意生活。可是，人也变得一天比一天懒散。

"工作太忙，所以可以不用在乎家务有没有整理好""迟到了，是闹钟坏了，要不也是因为前晚休息不好""工作失误，是难度太大，人手不够""身体发福，是事情太多而导致没时间锻炼"……只要愿意，我总能成功地为自己的失败找到各式各样的借口，让自己心安理得地"混"下去。终于有一天，当我幡然悔悟的时候，才发现生活状态已是如此糟糕。

我终于深刻理解，借口，是拖延的温床，是自我放纵的开始。

第一次因为疏忽或别的原因没有及时解决问题时，以借口逃脱了自我惩罚，第二次、第三次……久而久之，在同样的事情上，就会自然养成寻找借口的习惯，形成恶性循环。因为借口，在遭遇挫折后，分析原因、吸取的教训则不再深刻，争取成功的愿望也不再强烈，只想敷衍地过日子，欺骗领导，欺骗别人，甚至到最后连自己都欺骗。

“永远不给自己机会找借口”。确实，只有让自己没有退路、没有选择，让心灵时刻承载着巨大的压力去拼搏、去奋斗，置之死地而后生，这样，我们内心深处的潜能才会最大限度地发挥出来。

一个成功的人，其人生字典里绝不会有“借口”两字，因为他们会果敢地为自己确立一个目标，然后不顾一切地去实现目标。

我们想要获得幸福的生活，唯一的途径就是摒弃借口，用决心、热心、责任心去对待生活，百折不挠地挑战，奋斗、失败，再奋斗、再失败……直到最终成功。

没有被打垮的勇士，只有被吓倒的懦夫

一个毫无乐感甚至连乐谱都看不懂的人，竟能演奏钢琴、小提琴、拇指琴、吉他等十三种乐器。拥有这种“特殊”技能的他，并不是“音乐天才”，而是个曾经患有严重脑震荡的“残疾人”。

康纳斯出生在美国科罗拉多州丹佛市一个普通的家庭。从小他就是一个活泼、好动的人，喜欢参加各种竞技运动，尤其是看到曲棍球比赛时，他的眼中总是充满了憧憬，他梦想能够成为一名职业曲棍球运动员。

为了进一步靠近梦想，康纳斯每天都要花大量时间练习曲棍球。为此，他常常将自己弄得伤痕累累、疲惫不堪，但一想到梦想就在眼前，他又充满了斗志。然而，在一次比赛中，意外摔倒的他头部重重着地，结果，被诊断为脑震荡。从此，他不得不放弃心爱的曲棍球。

面对双重打击，康纳斯一蹶不振。他不再是那个为了梦想可以倾其所有的追梦者，他的人生也一下子从云端跌落到谷底。然而，又一次“意外”，不仅将他从低迷之中解救出来，也为他重新点亮了又一盏照亮梦想的灯。

一天，坐在钢琴前面落寞、发呆的康纳斯，无意间用手指触动了键盘。没想到五音不全的他，竟能弹奏出别有韵味的曲子。这不仅令他欣喜若狂，也为他那黯淡的人生带来了一缕希望。此刻，他决定找寻另一条通往梦想的道路。

于是，他开始钻研那些被他视为“天书”的乐谱。往往一个简单的音

符，对于康纳斯而言都异常困难，他必须反复揣摩才能将其熟记于心。有时，刚刚熟悉的乐谱一转眼就几乎全部忘光，他必须再次重新熟悉。康纳斯没有退缩，他拿出了练习曲棍球时敢于迎难而上、困难面前不低头的精神。

康纳斯还主动学习各种乐器。有时，为了弹奏一首完整的曲子，康纳斯甚至要练习上百次。这时，他那双本就粗糙的手，更是被自己折磨得面目全非，而他不但不觉辛苦，反而乐在其中。

正是凭着这股执着的劲头，康纳斯熟练掌握了十三种乐器的演奏方式。那一首首普通的曲子，在康纳斯的演绎下仿佛被赋予了生命，曼妙动听。

渐渐地，康纳斯对音乐有了另外一种情感，它不仅成功帮助康纳斯摆脱了阴霾，更让他从中体会到了一种前所未有的快乐和满足。他说："我很感谢那次意外，虽然让我无法成为一名曲棍球运动员，但却使我从中学会了放弃。有时，放弃并不代表失败，只是为了下一次的华丽转身积蓄能量，而当这种能量到达一定程度的时候，定会带来意想不到的成功。"

俗话说：没有被打垮的勇士，只有被吓倒的懦夫。失败对于有勇气的人，无疑是块垫脚石，会助其更接近成功；对于胆怯的人而言，却是一道无法逾越的鸿沟，最终，会将其梦想断送。给失败插上一双翅膀，它定能带人们飞抵任何希望到达的高度。因此，放弃看似是种失败，实则却是最接近完美的成功。对于康纳斯来说，一段失败的经历，恰恰成为他未来成功的垫脚石。

告别那个畏畏缩缩的自己

刚上班那会，我看到那些整天带着个浪琴、欧米伽手表的女生，就觉得这些人特显摆。

我女汉子很多年了。看到那些天天倒腾自己，面膜化妆服装搭配的女生，一直觉得特轻浮，肯定没什么内涵。

我去迪卡侬买了个运动水壶，有吸管的那种。同事看到了说，我最不喜欢有吸管的水壶了，清洗起来很麻烦。

我爱上跑步，每周3次，至今已经3个月，有人跟我说，你不要这样跑步，你看那个×××，跑步跑得膝盖受伤，最后连山都爬不了了。

大学时候，我有个同学，性格特张扬，典型的跟谁都能相见恨晚的交际达人。心里特别讨厌，特别看不爽，觉得这样的人真虚伪，跟谁都好。我不屑做这样的人，也不屑跟这样的人来往。

上面的事情，有些主人公是我，有些不是我，但是在里面，我都能看到曾经自己的影子。有点墨守成规，有点偏激的固执己见。按照自己界定的规则生活，执拗地认为自己的观念才是人生的不二法则，还看不惯其他不按照此法则生活的人。

伊索寓言里面那个著名的狐狸的故事。说有只想吃葡萄的狐狸，因为自己摘不到而没吃到葡萄，就说葡萄是酸的。这个在心理学上称之酸葡萄心理。

我想，过去的自己就是那只吃不到葡萄的狐狸吧。因为得不到很痛苦，或是实现的过程很痛苦，就告诉自己葡萄是酸的。用这样的方式安慰自己，以期消弭痛苦，从而达到暂时的心理平衡。

如果抚慰还显不够，就开始使用酸葡萄心理的升级版本——甜柠檬心理：我就是不要跟你们一样，我就是按照自己认定的路子去走，凡是不符合我价值观的做法和思想都是我所鄙视和不屑一顾的。

忙不迭说“我不”于是渐渐成为自己的态度和风格。很多时候，好像是为了反对而反对，目的是为了凸显自己的与众不同和见解独到。然而懂我的人却越来越少，不过并没有关系，我告诉自己也许我生性孤独。这种孤独犹如“风萧萧兮易水寒，壮士一去兮不复返”的决绝和寂寞。对了，关键是，你们这些凡人都不懂我。而我，也不需要你们懂。

我过去一度认为我与众不同，认为我是一个众人不能理解的天才，我曾嘲笑让我改说话方式的“俗人”，我曾暗自腹诽不爱学习爱装扮的人，我曾鄙视那些说话好听的“马屁精”，我曾经与一个爱出风头的朋友割席断交。

我一直以为我是对的。时间却日复一日，年复一年如风沙般侵蚀我看似坚强却不堪一击的“石头”表面。

思想开始动摇，慢慢发现，芸芸众生，天才何其少，往往是普通人还没做好，却得了一身天才的毛病。那些原来固守的东西，未必有想象得那么正确，那些一直讨厌回避的东西，并不如想象得那么不堪。

所以，以上几件事情的发展也多了岁月这把刷子留下的印子：

1. 讨厌戴手表觉得显摆的我自己，有一天，拥有了一块品牌手表。带上之后，发现带个有质感的手表，其实也不赖，还可以增加自信。

2. 闺蜜看不下我整日不修边幅的样子，硬逼着我去打扮，教我简单的化妆，突然发现，每天出门都感觉自己精神奕奕的。

3. 说清洗有吸管的运动水壶的同事，过了没多少天，她自己也买了一个。跟我说这个水壶喝水真的很方便。

4. 说跑步不好的同事，后来我看见他自己在朋友圈发大汗淋漓的照片，表示，运动完出完一身汗真是太爽了。

5. 工作后，慢慢地因为工作需要，我学着跟人相处，跟很多人谈笑风生，我发现这样也没什么虚伪，反而大家还挺喜欢你的。而且越来越觉得，学会说话是一门艺术，说一些恰当的话，适当的时候可能会不经意改变事情的流向。而且学会说话，也能减少直来直去的性格伤人的机会。

也许你会说，看，时间把一个单纯的“愣头”青，变成了一个虚荣的“老油条”。

这句话，就是曾经的我，对苦口婆心一心要“渡化”我的人说的话。

此时此刻，我自己却变成了那个苦口婆心的人，絮絮叨叨地想要分享给年轻人，一些他们可能不爱听的生活感悟。

你看，我们确实会变成我们自己讨厌的人。不过，现在的我却并不讨厌现在的自己。

没错，我变成了我自己口中的“老油条”，可是更多时候，我为自己感到欣慰。因为我变得包容性更强，我开始学着去尝试，学着清除给自己设定的条条框框，接触不喜欢的人，做一些不喜欢的事。在尝试新事物的过程中，收获不一样的力量。

人生的大多数时候，我们像是怕被妖怪伤害的唐僧，固守在自己划下的圆圈内，图一个安全舒适的空间。站在这个心理的舒适区，看着别人做错了，就笑，你看吧，我就知道这样不行。若别人做对了，心情就不好，然后酸溜溜地说，哎哟嘿，还真的做成了。我们走着瞧，看你能得瑟几天。

因为反正别人是输是赢，我的生活还是如此，并未受影响。

最后年年岁岁花相似，你还是原来的你，人家却已不是原来的人家。

不敢突破的原因很多，归结起来无非是：害怕现有的生活被打乱，害怕新的生活不如现在好。一句话：无法承担冒险的代价。

嗯，悲观主义的世界，总是如此。因为总是会看到新事物那不好的50%，却忘了还有好的50%。

所以，为什么要画地为牢呢？为什么“不”走进圈圈去看看呢？世界也许并不如我们想象得那么坏。

不喜欢显摆，可能只是因为你不了解，他们只是对生活有追求，而你单方面的统一将他们划分为显摆。当经济水平达到可以“显摆”的阶段，你会发现，你喜欢某个品牌，也许并不因为这个标志，而是这个东西本身让你用得舒心，它的品质做工让你心仪。你用它，更多的是善待自己，而非作秀。

不喜欢运动，因为膝盖会受伤，很可能只是没有得到专业的指导或者运动量一下子上得太猛，何不找个专业教练指导一下呢？或者先从走路开始，渐渐找到适合自己的跑步方式？

不喜欢化妆，喜欢天然。问题是天然就美的女子太少，大多数女子一般都要稍稍修饰，天知道你不会被自己化个淡妆也同样纯净美丽的样子惊艳。

不喜欢麻烦地清洗有吸管的运动水壶，可能只是因为忽略了吸管带给你的便利，还有，也许有吸管的水壶清洗起来并没有想得那么困难。

不喜欢跟很多人在一起，也许是没学会怎么跟人好好的相处。害怕大家不理你带来的尴尬。当你开始学习讲温暖的话，你发现，别人开心，你好像也很开心。何乐不为呢？而且，活泼爱表现的朋友一般比较自信，周身散发正能量，当关注点不在“讨厌”上了，换个角度，就会发现，咦，原来她们也很可爱。

新事物也许是坏的，也许是好的，可是总有50%好的可能性。

如果没有第一个吃螃蟹的人，可能我们到现在都失去了品尝美味的机会？

如果没有第一个发明电灯的人，现在我们的城市怎么会灯火通明、五光十色？

如果没有莱特兄弟发明飞机，我们现在也许还只能跋涉在“丝绸之路”上翻过雪山越过沙漠，听着驼铃和鸟叫？

如果没有第一个炒股的人，谁能知道这种虚拟的东西竟然可以挣到真金白银？

很多人都在自嘲，为什么我听过那么多道理，却依然过不好这一生。看似无奈中透着悲凉，我却觉得好笑，因为自嘲的差不多都是如我一般二三十岁的年轻人，二三十年，一般来说，仅仅也就是一生的其中一段吧。很多年轻人，包括我自己，总是想要睿智地表现出看透世事的模样，其实是否就如辛弃疾写的“少年不知愁滋味，为赋新词强说愁”一样呢？

还有一个原因是，你就算知道所有的道理，可是你从未去践行过，这些道理跟你的人生只有很少的相关性。所以在你年轻的岁月里，你仍然还是过着什么都懂却什么都不做的日子。然后故作沧桑，说道理都懂，可是我却过不好这一生。

难道怪道理吗？还是怪社会？

指责别人是否永远比指责自己更让自己好受？因为贪图不痛不痒，所以选择忽视自己，责怪其他？

有句老掉牙的英文谚语：No pains，no gains。

没有疼痛，哪来成长？当我决定开始正视那个“强说愁”的自己，正视那些我讨厌其实是逃避的东西。我觉得我好像比以前更加勇敢，这种勇敢不是固执己见的孤勇，而是敢于直面痛苦的坚韧，未来的路上，困难还是很多，我选择继续前行，而不是躲避修禅。

因为我开始明白，想要真正懂得那些人生道理，一定需要在滚滚红尘中摸爬滚打，踉跄前行，切身体会过伤害，感受过温暖，这样才能拥有镌刻在生命里的字字带血，句句是泪的人生真言。

而这一切，都需要你大胆地跳出框架，正视痛苦，尝试未知，去挑战那个畏畏缩缩不敢前行的自己。

有句话我很喜欢：人生不妨大胆一点，反正只有一次。

当你觉得生活没意思时，不妨停下来一会儿

有个朋友给我留言，说她感觉自己的生活很无聊，都是上班、下班的重复日子，而上班做的东西都是差不多的，很枯燥，感觉生活太没意思了。

看到朋友给我的留言，说实话，我仿佛看到了以前的自己，某段时间，我自己也是这样的一种状态。

大学的时候，我是个很上进拼搏的人，也因此成为很多老师给低年级的师弟师妹讲课时的例子。我像其他同学一样参加各种各样的社团活动，奔波于好几个社团中，希望多点见识提高自己的能力；我希望能够自己赚点小零钱，养活自己，所以我做各种兼职；我想要在毕业时自己的简历上能够有我获奖的更多经历，所以我参加各种比赛；我希望能够拿到奖学金做自己的生活费，所以我拼命努力，每年都拿到一等奖学金……

[1]

我就是一个在别人的眼中，感觉很厉害，很上进而且很有目标的人；可是，在自己看来，我每天过得是很充实，有各种各样的工作可以忙，可是当自己静下心来，我却不知道内心想要的是什么，我不知道自己的目标是什么。

每隔一段时间，我都会跟闺蜜一起出去透透气，每次跟闺蜜出来，闺蜜总会跟我说，不要走得太急，不要总是追求结果，你要学会停下来，看看沿途

的风景。你走得太急了，会忽略了身边很多的人和事。

我知道自己的内心很急躁，我不知道成功是什么，怎样才算成功，但是我却一直把一个自己未知的成功作为自己的目标。或许是忙碌给了我充实的感觉，让我觉得离成功越来越近；或许是别人眼中优秀的我，给了我满足感，让我觉得有所成就；就这样，我一直停不下自己的脚步，一直带着急躁的心，向前走着，每天做着很多事，可是内心却感觉空空的。

[2]

到了大三的暑假过后，我发现大家都纷纷地找到了工作，踏入各自的工作岗位。而此刻的我，仍然没有开始找工作，对于当时的我，内心很急，我担心自己比别人慢踏入工作岗位，自己就会落后于别人。但是，我却不知道自己想要怎样的工作，我又急又迷茫。

在这个时候，我看到朋友圈里面一个师姐分享的图片，是关于她们公司聚餐以及公司的各种活动的。我问师姐说，你们公司怎么样？师姐说，公司待遇很好，你可以试一试，最近也在招聘。

就这样，我完全没有目标，看公司招聘的几个职位，我从中选择一个职位投简历，接下来是收到了公司的面试通知，进去之后进行了3轮面试，还好自己长得还算对得起观众，再加上自己带着大学一些比赛的作品，给面试官留下很好的印象，最后就顺利通过了面试，进入了公司。

[3]

这就是我的第一份工作。回到前面朋友说的状态，我在这份工作中，某段时间，我也是这样的状态，我每天的工作就是对着电脑，写东西，进行发布，统计咨询量，每天就是重复着这样的工作。我自己觉得很枯燥，每天起床，想到要去上班，我整个人心情都很差，当然导致上班很不在状态，每天感觉自己脑袋跟肉体不在同一个频道。

我感觉自己很不对劲，很想要换工作。但是，我每天都会很认真地完成工作的任务，在不到半年的工作时间里，我的工资飞速地增长，跟全班的同学相比，我的工资是最高的。我的父母看着我在公司的成就，看着我的工资水平，一直不同意我辞职，他们生怕我接下来的工作会比这个更差。而我是个乖乖女，我也不知道自己如果换工作会如何，我也害怕差距太大，所以我暂且听从了父母的意见，没有辞职。

[4]

可是，枯燥的工作，每天上班、下班，重复的生活，每天晚上加班到七点多，一个小时的车程回家，回到家吃完饭，洗完澡，十点左右，自己感觉很累了，便躺在床上休息。这种生活，给我的感觉很不是滋味，但是，我却不得不逼自己去坚持，但是我的内心很难受。

带着内心蠢蠢欲动地想要换工作的念头，我瞒着身边所有人，下班时间开始投简历，接到各种各样的面试，然后请假去其他公司面试，我很想知道在其他公司工作是怎样的，究竟会不会比我现在更有趣。

可是我去面试的几家公司，给我开的工资，是我现在工资的一半；面试一家房地产行业的策划助理职位，面试官说这个职位会经常出差，而且有项目的时候会一直加班熬夜，如果你实在想进来，你要先做好心理准备；面试一家孵化器企业，面试官问我，你最想要的是什么，你进入这个企业最想得到的是什么，我瞬间懵了，这些，都是我没有去想过的问题，我实在不知道怎么回答。

就是从这几次的面试后，我开始去思考我的工作，去回忆我大学乃至工作以来的这段时间，自己所做的一些事。

[5]

由于我的工作每天都是一直对着电脑，导致我的肩膀有时候会很不舒服，所以总会跟同事去美容院做按摩，每次去到那里，按摩师在按完之后总会跟我说，我是XX号，你下次来的时候可以找我帮你按摩。迫于化解尴尬的局面，我每次都会拿起手机，把他的号码记下来，然后跟他说，好的，下次有过来就找你。后来我才知道，这样每次被主动点名，按摩师就可以拿到更多的提成。

我渐渐发现，美容院的人都在一批批地变换着，于是我明白，他们跟我一样，都是从职场新人慢慢地在过渡成成熟的人。解决了基本的生存问题之后，再去寻找新的出路。

[6]

那段时间后，我开始学会去思考，去想想自己能够从现有的工作中获得什么，想想自己究竟想要的是什么，我找到了适合自己的定位，心里也不再恐慌。下面分几点说一下自己的一些改变。

第一点，就是我先分析自己每天在做的事情，我每天的工作都会写东西，那么我会从中去总结，通过客户的咨询量，去评估自己写的东西是否适合市场，不断地提高自己写作能力。

可是每天除了工作之外，我感觉心里好像缺少了点什么，所以我在下班的时间，会看看书，然后将自己的灵感写下来。我不再是像写日记一样记自己生活的流水账，而是将看书的思考跟自己的生活相结合起来，提炼出一个主题，把自己的收获写出来。

第二点，我学会去观察身边的一些人。我刚进去公司的时候，是做经理的助理。那个时候，我看到经理就会很紧张；进去经理的办公室，我会紧张到手抖，讲话支支吾吾的，然后每次经理都会跟我说，你不要紧张。我觉得经理是一个很厉害的人，所以每次见到她，我都很怕，也感觉很自卑。现在，我克服了这种恐惧，因为我觉得没有一个人天生就是厉害的，都是慢慢学习积累的结果，我开始学习她表达观点跟分析项目的逻辑能力，然后把有用的部分记下来。

我觉得我很幸运，经理给了我机会在她身边一起做新项目。项目组的人会经常开会，我是一个不太擅长表达的人，但是，渐渐地，我学会提炼自己的观点。另外，我会在每次开会的时候，就算跟领导聊天，我都要带上笔记本，不是为了表现我认真，而是我需要随时记录别人不经意的一句话给我思考的灵感。

第三点，去分析定位自己，寻找自己身上的特色。如果一个人没有自己的特色，而是大众化，那么注定你是没办法与众不同的，或许你会过着跟大部分人一样的生活，或许你做的工作，别人也能够替代你。

记得公司招了一个29岁的姐姐，跟我一起做新项目，虽然她已经工作了好多年，按理说，她是我眼中的那种有很长工作经历的人，可以跟我一起搭档，让项目进展得更好。但是恰恰相反，她做的工作，其实我也能够完成。而最后，这位姐姐在领导的考察下，没办法过关而离职。

我开始去思考我自己的独特性，我害怕当自己接近30岁的时候，自己没有自己独特的一技之长，而不被社会所接受，无法养活自己。我觉得一个人在社会上是需要有自己的价值的，在公司，你能够做到，当你想要离开公司的时候，公司的领导会觉得你的离开对公司来说是一种损失，从而想要留住你。

趋于这种害怕，我开始去思考，让自己在每天的工作中，能够提炼自己的独特性，例如我写的东西，别人没办法模仿我；每天我都尽可能让自己的咨询量在增加，让公司觉得我是无法取代的；而在稳住工作的同时，利用下班之余，我会不断地学习新的技能，看书，思考。当别人问起你，你自己有什么擅长的，有什么特色，你的存在对公司有什么价值的时候，你可以跟大家说，而不是让自己成为一个可以取代的大众化的一员。

每个人都在为了生存而努力，我不是富二代，我没有办法靠着父母养着我，我需要自己努力去养活自己。而此阶段的工作目的，也是为了能够让自己生存下来，能够更好地提高自己的生活质量。工作有时并没办法让你随心所欲，生活本来就如此，改变不了生活，改变不了工作，其实我们可以改变自己的心境，改变自己的思考方式，换种角度去思考，在思考中执行，去前进，反而会收获更多。

当你觉得生活枯燥，工作无聊的时候，停下来好好地思考，再去前进。

人生，冲动一次又何妨

决定一个人能否做成一件事的因素有很多，能力、耐性，或是否有后盾等。但这些都是在上了路之后才能发挥作用，而大多时候，我们的成功之路，还未掘土就被完工。为什么？因为我们在采取实际行动前，多做了一件事，就是询问做与不做的意见。

男孩喜欢上一个女孩。

可女孩非常优秀，自己没钱没颜，比不上她身边的追求者们，那追不追？他纠结许久，十分痛苦，终于鼓起勇气问哥们的意见。哥们一听，开玩笑说，你这癞蛤蟆，想吃天鹅肉呢！于是吧啦吧啦，分析两人的各种不合适，并提醒他，万一被拒，很丢脸。男孩想，是的，干吗追那么高高在上的女孩？不如选择喜欢自己的，轻轻松松就得到幸福。于是，可能浪漫的爱情，就这样被扼杀了。

有个女孩很胖，想减肥。

她看见一家减肥班广告，学费比较贵，要减到目标体重，至少得花四五千，对于学生而言，是笔大的开销，还要不要报？于是问同学，同学一听，需要花那么多钱，还不一定能减成功，觉得她被报班洗脑了，赶紧打断她，说坚持跑步就可以。女孩一听，是的，跑步也能减肥，为什么花冤枉钱。现在，女孩依然很胖。

反观自己，也曾因他人意见放弃初衷。

高考填报志愿，想学心理学，但这个专业特别冷门。就去向一见识广的同学打听，他们分析得出的结论是，难就业，接触负面信息多，自己内向的性格不适合。我一听，好像蛮有道理。虽然放弃挺可惜，但这是我寻求多方意见，再经过自己认真思考决定的。

事实上，这都是一种自我安慰的想法。男孩，不追喜欢的女孩；女孩，不报贵的减肥班；我，不学向往的心理学。我们都认定是自己经过认真思考后做的决定。错，才不是。我们都是在行动之前，就被洗脑了。我们对美好向往的星星之火，在燃成熊熊火焰，能照亮自己的未来之前，就被别人的意见给熄灭了。

如果我们的决定都由自己独立思考后做出的，我们都将不是今天的自己，会比今天的我们更接近完美。

而且，这种解决问题的方法，看似十分符合常识和固有行为模式，但往往蕴藏着诸多不合理和风险。

人们习惯提保守的建议，但成功往往需要冲动。

一个人的成功总经历过许多冒险和冲动。

但人们在给别人建议时，是害怕承担风险的，于是往往会得出一个保守的结果。他们会给你分析许多利弊，而总结常是，“风险挺大的，你自己考虑清楚”。

大多时候，这话一出，我们就开始打退堂鼓了，以为是自己认真思考后的结果，其实不过是双方都害怕冒险罢了。

于是，想做的事，还没开始行动，就被夭折了。

旁人未必能完全理解你，最懂你的只有你自己。

一个人永远无法完全理解另一个人。

喜欢一个人，旁人是不能理解我们有多心动的。他们只能看到两人外在条件的差异，而两人是否相互有好感，是否心灵上很契合，这是没有尝试过谁也不能知晓的。

旁人劝你不花冤枉钱，她们可能是瘦子，她们不能理解胖人的痛苦，也不能猜到你也许是为了男神减肥。

我想学心理学，旁人的劝阻，是有道理的。但他们不理解，我向往心理学的原因，和我为此所做的准备。

这种没营养的问题，你确定别人感兴趣？

或有人质疑，我们做一件事之前，问别人意见，寻求经验不对吗？这自然对，意见肯定要问，但你可以问，“哥们，我要创业了，需要一个技术型人才，你有推荐吗？”而非，“哥们，我想创业了，但分析了下市场，很难做大做强，你说，我要不要做呢？”

为什么别人不愿回答你的问题，因为你的问题本身就是个问题。

在成功之路还未开始前，问别人做还是不做，就像在问，吃鱼可能被卡到，要不要吃？这是一个多无聊的问题。还不如问，怎样不被卡到来的有用。

问别人意见本身就是件有风险的事

有个男性朋友跟我抱怨，自己暗恋的女生被心机男追走了。

原来，我那朋友也是个犹豫不决的人，喜欢上一个女同学，青春漂亮。但那女孩追的人挺多，他很纠结，就去问室友。室友说，那女孩看着清纯，实际上恰恰相反。我那朋友一听，心就死了。

谁料，大二开学，那女生就成了他室友的女友。我朋友差点揍他，他室友却说， 追不追是你自己决定的，关我屁事。

当然，生活中的小人没那么多，但你怎么确定，阻止你创业的人不是嫉妒你可能成功的事业，阻止你减肥的人不是希望你永远当绿叶？

我们需要自己做决定的能力

退一万步讲，即使别人愿意和你一起承担风险，那人也够理解你，不会烦你，更不会有坏心眼，难道我们不需要自己做决定的能力吗？

我们总强调，要有选择的权利，但为什么遇到事时，习惯去问别人的意见？

人生路漫漫，布满岔路，需要做的选择和决定很多。

工作或考研？出国或留国内？保研或考研，写作或画画？结婚或独身……很多很多，都是选择题，单选或多选。

问别人，那永远是别人的意见，自己永远没有做决定的能力。只会成为一个遇到事，就手足无措，到处问意见找经验的低能儿。

我们貌似在寻求多方意见

但其实只是害怕一个人承担风险

一件事，要不要做，往往自己心里早有预设答案，问别人，只是害怕一个人承担做错决定的风险。

每件事都有可能失败的概率。我们肯定不是因那个人一定喜欢我，我才喜欢他。我们也不该因某件事一定能做成才去做。

欲戴王冠，必受其重。想要成功，就不该害怕失败。

人生是自己的，目标和梦想也是自己的，该不该有，要不要做，自己决定，永远不要问别人，后果，也自己承担。

不向命运低头，你就赢了

城城有一天打电话给我，他说，你缺不缺助理，能不能让我来帮你？

我以为他开玩笑，揶揄道，你钱赚够了，没事情做，来调侃我是吗？

结果他一本正经地说，我真的钱赚够了，不是调侃你，只是我想看看自己还能过多少不一样的人生。

细数起来，这是我认识城城的第十二年，这十二年里的他都是什么样子呢？

从初中开始就在贵族学校里生活，过着养尊处优的生活，从来不在乎钱，在我们都认为美特斯邦威是上乘商品的时候，他的包已经是Gucci和LV了，在我们都还在打扮得像乡村非主流的时候，他已经穿出了时装秀的感觉，在我们还懵懵懂懂刚开始体味爱情的时候，他已经谈过了一大把恋爱，在我们都在大城市蜗居奋斗的时候，他已经告诉我他钱赚够了。

我没有撒谎，这种类似于玛丽苏时尚电视剧剧情，就是出现在我身边，而城城就是实实在在存在的人。

我从来不敢和城城谈论人生，因为我们就像是活在地球两极的生物，他的声色犬马，笑傲江湖，我都只能望洋兴叹。

我一直不知道为什么我们会成为朋友，或许就像很多小说剧情中讲述的一样，再高贵的人也需要拉一个低贱的伙伴垫背，不过，他的高冷从来不表现在我身上，他不会嘲笑我的无知、我的低俗、我的一无所有，是因为他一直觉得我的才华可以媲美他的财富，这是他的原句，所以，我们竟然就这样维持了接近十二年的友谊。

就是这样的城城，居然打电话给我说要来做我的助理，顿时让我感觉他一定是受了什么刺激。

毕业那年，他在黄泥磅附近开了一间酒吧，生意很好，结交了很多人，也赚了不少人脉，当时觉得他很拼，拼到好像睡觉都在数钱，到下半年的时候，突然看到他说要把店转让出去，没多久又在茶园附近开了一家饭店，开业当天门口堆满了花篮，足见他朋友之多。

可是城城却常常打电话跟我说，其实，这些年我追求的是什么呢？连我自己也不知道。

高三尾声，城城去参加空乘选拔，过关斩将，最后拿下了提前批的名额，说实话来之不易，那几乎是他当时最大的理想，做空中飞人，在各个城市来回盘旋，但不巧的是，高考结束，志愿填写的时候，被他老妈填错了位置，结果与航空公司失之交臂。

那段时间他非常苦闷，常常约我出去喝酒，他说他妈抱着他哭了几天，原本他是不在他爸妈面前抽烟的，但那个时候，他也肆无忌惮起来，说实话，他怪不了他妈，当时就是太放心，自己也没有上网去核对，可面对这样的现实，他真的又很难去接受。

“那怎么办？复读一年再考吧。”

“没有那么多心思了。”

后来就真的没有再去尝试第二次，而是随随便便进了一所大学，开始了和大部分富二代一样颓废荒诞的生活。

几乎上是疯过了一年之后，城城突然打电话给我，当时正巧我放假在家，他开车接我出去兜风，后来车子随便开到一个地方，他对我说：“我不想念书了。”我看着他，不禁问道：“那你想干什么？”城城从口袋里抽出一支烟，打开了车窗，望着滚滚流动的嘉陵江，迟疑了很久，说：“虽然从小到大我都过得很任性，但是这次，我确实深思熟虑的，说起来你觉得很荒谬，但是，读着自己根本不感兴趣的专业，好像一下就能看到最后一事无成的自己，这种恐惧感，你懂吧？”

“我想，应该懂，但是我觉得即使不喜欢，我也会坚持下去吧。”当时其实我也因为填写志愿失误，念了自己并不喜欢的学科，“毕竟你不一样，你家里还是有底子的，不上学，也还能够好好地活着，但大部分的人，选错了人生，就只能按部就班地走下去了。”

“可我从来没有想过要靠家里啊。说起来你觉得好笑吧，虽然从小到大吃穿不愁，我却一直希望能够摆脱这样的束缚，好好地过着自己的生活，原本打算能够进入航空公司，完成自己多年来的梦想，就可以完完全全不再依靠家里了，但是怎么回事，老天爷就是喜欢和我开玩笑。”

“那休学之后又怎么样呢？”

“想做点自己的事情。”

“比如？”

“暂时还不知道。”

当时我们的对话就在这里戛然而止，后来很长时间的沉默是因为我们彼此都不太清楚自己未来的人生。最后回家的路上，城城放着音乐，对我说，其实我一直都羡慕你，因为我身边的人，只有你，最明白自己要过的是什么样的人生。我知道他所指的是我还在坚持写作。

城城休学之后，开始在酒吧当酒保，说来一个富二代，有车有房腰缠万贯，居然去酒吧做酒保，怎么都觉得好笑，光是这件事，他就当场被他爸拉回家过好几次。但是到了夜里，他又从家里爬出来，和老板道歉，和朋友狂欢，过着外人都觉得荒唐而无理的生活。

他会跟我通话，有时候是喝醉了，有时候是酒醒了，他有时候还会哭，是因为他不知道自己在什么地方。我知道他在说梦话，他当然知道自己在哪里，只是他觉得自己在人生道路上迷了路。

他常常掏空自己身上所有的钱，招待很多人，和那些根本不认识的老板嬉笑怒骂，谈笑生风，好几次，他一顿酒就败光了一年的生活费，提着酒瓶摇摇晃晃地往家走，有时候遇见疯狗乱叫，他也会冲着它吼两声，觉得自己和狗没有什么区别。那段时间，他爸气得不让他回家，对他进行经济封锁，他就轮番跑去朋友家住，走的时候还不忘打欠条，说回头一定会把住宿费不上。

他从来不想欠任何人。

后来一次在酒吧赌钱，终于连他最后那辆车也输掉了。那个时候，他是真的到了穷困潦倒的地步。我去找他的时候，他在酒吧门口吐得一塌糊涂，后来我扶他回家，他醒了，望着天花板发呆，我说："你还打算这样过一辈子了？"结果他说："我其实就在等，看谁能够给我一巴掌。"

我说："你谁也不用等，命运早就扇了你一巴掌了。"

我只是无意间的一句话，却好像点醒了他，他一夜没睡，坐在飘窗上看夜景，他说，你睡吧，灯关了，不用管我，没事。

早上等我醒来的时候，城城已经走了。一周之后，他办理了回学校的手续，留了一级，重新回归了校园。后来我听说，他没有继续念之前的专业，而是想方设法跳去了别的系，开始学起了管理。

在那期间，他依旧去酒吧，但已经不再是当酒保买醉，而是和那些老板聊天，有时候从他们口中有的没的听到一些经验，再后来，他告诉我，有人愿意投资他开一家酒吧。就是那个时候，城城兴奋地提着酒闯进我家，举杯庆祝他终于可以不再靠家里了。

毕业之后，他的酒吧生意非常红火，比大家预期中还要好，他依靠之前那些年结交的朋友，相互宣传，很快就形成了新的人际网。

我在上海工作的第一年，苦逼地扛着箱子到处跑的时候，他又过上了让人羡慕的生活，那天我正坐在休息室吃着前一晚自己准备的盒饭，一边看着他在朋友圈里发的塞班岛和煦的阳光和蔚蓝的大海，他笑得让人嫉妒。

他就是这样在酒吧风生水起的时候宣布了转让，然后又在饭店人潮鼎沸的时候说想要过更加不一样的人生。

我一直说我不敢和城城讨论人生这个命题，是因为我觉得我没有他那样肆意挥霍的资格，但城城却和我说："每个人都有资格去讨论人生，为什么不呢？就像你当初说的那样，谁没有在成长道路上被命运扇过巴掌呢，有的人出身不好，于是觉得这一辈子就完了，有的人选择失误，就认为前方不可能再有光明了，有的人遭遇失败，想着成功就是个伪命题，但是有几个人敢于真正去回扇命运那一巴掌呢？在我最颓废的日子里，我其实有什么呢，那时候我也是一无所有，有家也不能回，有苦不能言，口袋里穷得铃铛响，而我就是想看看这样的自己，是不是真的摔了跟头，就再也爬不起。你还记得你收留我的那个晚上吗？我当时就想，既然我有力气折腾自己，为什么不用这力气回扇那该死的命运呢？"

我身边的人，多少都是败给了命运，常常在午夜梦回的时候想着自己前后如同泥淖的道路，可能一步走错，步步皆输，输的关键，是你根本没有勇气重新选一条新的路。就像城城所说的，我们用尽大部分力气折腾自己，却很少用这力气去回击命运。

有一天，城城带我去看一套新房，房间不大，只有50来平方米，但是城城和我说，这里是他自己的家，真正靠自己赚钱买的房子，他和我比画墙上要如何装饰，客厅要如何布置，卧室需要多大的床，厕所需要什么样的浴缸。

就是那天，我们坐在还没有开始动工的房子里，各自开了一罐可乐。我说，城城，其实我挺佩服你的，很少有人像你一样放着自己家里的钱去开辟一条新的路。城城灌了一口可乐说，不，其实很多有钱的朋友都希望有一次这样的放手一搏，不过，他们只是太怕或者已不再年轻。

他起身，走向阳台，说，其实，我才真正佩服你，即使上大学念着自己不喜欢的专业，读着根本没有出路的学科，却依旧可以一边顾及一边做好自己想做的事，写着自己想写的东西，慢悠悠地过着自己的人生。上班之后，在风生水起的时候功成身退，自己做起校长来，这才是我一直觉得你值得交往的原因。

我们拿着可乐干杯，相视一笑，敬彼此都敢回扇命运的那般勇气。

半年之后，城城关掉了他的饭馆，从重庆出发，拿着他买房剩下的那笔钱，买了一张飞往西藏的机票，他说现在他终于有了一些资本，可以去完成当年的梦了。他想看看抛开一切，光靠自己还能走多远，还能看到多少不一样的世界。

他一直没有忘记当年那个在天空盘旋的梦，或许前往的路径不同了，但他知道，目的地永远相同。

别让你的苦难毫无价值可言

看到一句话，觉得颇有意思。这句话的大致意思是说，但凡成功者，你会发现他们几乎无一例外地在若干年前都潦倒窘迫得不像话，到后来因为某种因缘际会，他们成功了，成名了，然后他们窘迫潦倒的往昔会被人津津乐道地一提再提。没有人会嘲笑，有的只是更加赞叹，甚至过去越窘迫，越来反衬出他如今的“伟大”。

我把这话讲给一位朋友听，他笑了笑说：“其实，哪一个人的人生里没有过苦难窘迫的日子呢？只是绝大多数的芸芸众生，都是让人过目皆忘的普通人，他们经历过的痛楚，经历过的苦难，去对谁说呢？谁有兴趣，谁愿意花时间去听呢？普通人是没有资格追忆苦难的。”

普通人没有资格追忆苦难？细细想来，真是如此。当我们看到下面这些“苦难”，我们的脑海里会想些什么？瘦弱的施瓦辛格在贫民窟里，过着暗无天日的生活。有人对年轻的李宗盛说：“你这么丑，也没什么天赋，怎么能唱歌呢？”

崔永元第一次主持节目的时候，过了一会儿，身后传来一个声音：“这孙子是谁？”自从吴宗宪给了周杰伦一个工作机会后，他终于不用再去饭馆洗盘子了，他写了一些歌，可没有一个人愿唱，人家说：“这写的什么破歌！”

阿杜在建筑工地上风吹日晒，没有人相信他那破锣嗓子唱歌会有人听。一天，洗车行里开来一辆劳斯莱斯，一个擦车小工好奇而惊喜地摸了一下方向盘，被车主扇了一巴掌：“这车也是你碰的吗？你这辈子都不可能买得起！”后来，这个擦车小工一口气买了六辆劳斯莱斯，他是周润发。

李安毕业后六年没活干，靠妻子赚钱养活，他一度曾想放弃电影，报个电脑班学点东西打工补贴家用。他妻子只说了一句话：“全世界懂电脑的人数不清，不差你李安一个，你该去做只有你李安能做的事。”后来李安拍出了许多只有李安才能拍出的电影。

何家劲为了想多赚点钱完成学业，他不得不选择去医院做搬运尸体的工作。

这些窘迫或者说苦难，日后都成为这些名人们引以为豪的人生经历。他们在回忆起往事的时候，往往会让人们唏嘘不已，向他们投注更多敬佩的目光。然而，有没有试想过，如果他们后来没有成名呢？他们那些或艰辛或窘迫的经历，有谁会去理会？

事实上，在现实的生活中，在我们的四周，又有多少人年复一年地在小饭馆里、在洗车店里、在建筑工地上……甚至做着比这些更脏更累更被人呼来喝去的活儿。可是他们向谁去追忆与倾诉自己的艰辛与不易呢？谁又会听呢？

他们知道没有人会听，所以他们就更加埋着头，一年又一年，将艰辛扛在肩上，踽踽独行。就像同样是身上仅有一百多块钱，一个没有找到工作的年轻人，可能就要被女友斥为“窝囊”，被家人“恨铁不成钢”，被外人投以白眼。而到了韩寒那里，就成了“洒脱”。

据说韩寒不太会理财，多少钱到他手里都留不住。最“凄惨”的时候，他只有一张银行卡里有190元钱，他到银行提款机上“毅然”输了“150元”，却发现取款机只提供百元钞票，所以他只能“含恨”取了100元。花完这100元钱，他仅剩下90元钱了。只剩下90元的韩寒，寒粉们依然尖叫他“帅爆老大”。只剩下90元的你，试试。

有一次，我对母亲说起华人首富李嘉诚的故事。我说李嘉诚吃过许多苦，他本来出身于书香门第，他的爷爷是清朝最后一科秀才，还有两个留日取得日本东京帝国大学博士学位的伯伯，他的父亲是一个小学校长。后来老家潮州被日本人侵略，他们一家人逃难去香港。在香港他父亲不幸染上肺病，过了两年就去世了，那时候李嘉诚15岁。

父亲去世了，还有母亲和三个弟妹，李嘉诚作为长子只得辍学走上社会挑起了养家的担子，才15岁啊，真是可怜啊。我慨叹着。母亲听我慨叹，轻轻地说："这不算什么，那个世道，15岁养家多得很呐。你说的这个李嘉诚可不算苦，你看起码他小时候不苦，爷爷是秀才，爸爸是校长，家里还有留洋博士。就我晓得的比他苦的人多着呢，就拿你外公来讲吧，你老外公得病死得早，你外公一天书没念过，13岁就给地主当长工养活一家老老小小了，弟弟妹妹可不止三个，还兵荒马乱指不定哪天就遭了土匪，那苦，比得上黄连啊……"

我默然。15岁养家的李嘉诚，因为他成功了，成了华人首富，所以他经受过的苦难，就笼罩上了一层炫目的光华，如今追忆起来，仍被无数人铭记，被无数人膜拜。而在旧中国，与86岁李嘉诚同时代生人的中国人，又有多少人十来岁就开始艰辛养家，苦苦煎熬的日子。而且，众所周知，彼时香港的条件与内地的环境，可以说说天壤之别不过分。

但是他们的艰辛与苦难，绝大多数都与他们的生命一起埋入一抔黄土之中，湮灭于岁月的烟尘里，无人辨识，也无人铭记。只因为千千万万的他们，是一个个生若草芥的平凡人。他们没有资格追忆苦难。他们的苦难没有人觉得有价值。

年纪轻轻 就怕摔倒

似乎保守的人都有一个共性，喜欢待在自己的舒适区，不敢去做一丝一毫的尝试。

都说年轻就是资本、是希望，年轻可以犯错，可以无所顾忌，可以肆意挥霍，可以为所欲为，所以趁年轻，还是多尝试吧，别活得那么保守。

你不去尝试就永远不知道，你有哪些可能。

[1]

我认识一个网友，很有梦想，规划的未来很美好，几乎每次聊天都会听到有关于未来的美好设想。

他在一家央企上班，工作清闲，有大把的闲余时光，而他内心深处有一个梦想，想成为一个作家，想出版一本署有自己名字的畅销书，他不止一次的跟我念叨这个美景，他幻想着自己现场签售火爆的场景。

每每这个时候，我都会给他来个当头棒喝，把他从虚拟的美梦中拉回现实。

有的时候，光说不练听得多了就心烦，“你有那个愿景，怎么就不见你脚踏实地去实践呢？”

“文章光靠天马行空的想象是不行的，你得把它变成文字，用键盘或笔跃然于文档或纸上”

道理都懂，可就是不见他有所改变，还是依旧待在他的舒适区里，文字对来说，或许本来就是一个美丽而羞涩的梦。可遥想，可远观，却不能触碰。

这个网友，之后我们就鲜有交流，但还是留有他的微信，透过他的朋友圈，还是可以窥探一二，从其发表的文字状态来看，可以看见其内心的挣扎，但所有的改变都应付诸实践，光靠想象是不能实现梦想的，得落地行走，才能到达想去的目的地。

[2]

我跟现实中的朋友艾米聊起这个事，她则是一脸的羡慕，有那么好的条件却不好好利用真是可惜了。

艾米是在外企做销售的，时间对她来说就是最稀缺的资源，一个月休息三天，每天工作八小时，每天通勤就得花费三个多小时，将近四个小时，但她还是坚持自己的写作爱好。

做销售的时候，会接触到形形色色的人，艾米这人也很活泼开朗，但凡被服务过的顾客都很乐意与其交心，久而久之那些顾客的故事就经艾米的一番乔装打扮，变成她写作素材里面的人物角色。

艾米很聪明也很上进，对于写作很有天赋，在写作中这条路上越走越宽。

有的时候，我会在文章末尾评论，“真是个勤快又有故事的女同学”配一个害羞脸。

私下和她聊天，既然工作都那么累了，为什么还要这么折腾自己，下班后用写作的时间来逛超市，天猫，或出入影院，不是很好嘛，那样多自由自在。

艾米微笑着说：“我不想过那种80%人都会选择过的生活，既然我想过

20%人才能过得人生，那我就得拿出120%的努力来。”

我竟无言以对。

但凡知道写作这么回事的人都知道，创作并不是那么简单的事，它需要你的日积月累，需要持续不断地深耕，才会有思想火花的碰撞，才会有一气呵成、气势磅礴的文章。

虽然艾米还没实现她的文字梦想，但好在她已经在追梦的路上，相比于那些保守的人儿已经是赢在起跑线上了。

[3]

对于个人的喜爱，保守的人永远都是停留在嘴上说说，过过嘴瘾的状态，而行动派则是一声不吭就立马付诸实践，因为他们知道，只有行动才有梦想的可能。

其实除了个人喜爱，对于工作事业，不同的人也有不同的选择，有的人选择保守的将就，有的人选择是快速试错，绝不拖泥带水。

小江毕业后很庆幸地考入了体制，过着许许多多人梦寐以求的生活，有着稳定又清闲的工作，还有不错的薪资待遇。

其实体制就像是围墙，里面的人想出去，外面的人想进去，要说是里面好还是外面好，我想是各有各的好，自己觉得好才是真的好。

或许是年轻的缘故，小江对于这种一眼就能看见生死的工作，日渐麻木，毕业那时立志有所作为，干一番事业的雄心壮志，也渐渐被生活这张网困得死死的，越是想挣扎就越挣扎不脱。

一边是自我拉扯着，一边是职业困惑着，小江深知目前生活的好与坏，他想要走出体制，可是又担心走出之后的不堪。

这不是纯粹的个人问题，有父母、亲朋好友的夹杂其中，他们都会以过来人的身份指点你，还是乖乖待在体制内，别瞎折腾，出来就有你后悔的了。

毕竟是阅历和能力有限，小江至今都还在保守地选择将就着，不敢勇敢地遵从自己内心的想法。

[4]

小海是毕业于一所普通的本科院校，计算机专业，毕业后很如愿地找到自己心仪的互联网行业工作，月薪税后6000元，在一线城市这点薪资水平只够过活，好在小海是孤家寡人，没有女朋友，也没有额外的开销，所以生存压力不是很大。

小海知道，互联网行业拼的就是技术和能力，于是乎小海在工作之余，利用公司的资源和同事关系，有的放矢地提升自己，事无巨细都亲力亲为，为的就是能博得上级主管的注意，让他能在有任务的时候，第一时间想到自己。

据小海回忆，最苦逼的时候，在医院边打点滴边敲打着键盘，修改项目方案，优化完善意见，把顾客当上帝，自我以为很满意地递交了方案。

可是，人不走运的时候，你所有的满意都只是你单方面的一厢情愿，小海这么付出，得到的却是顾客不满意，要求重新调整和修改，这已不是一次两次了。

要不是看在工资的面子上，真想直接把方案甩对方脸上，然后酷酷地说："我就不改了"，当然这都是小海的臆想，现实还是乖乖地修改，直到顾客满意为止。

经历一年多的磨炼，小海已经有独当一面的能力了，公司决定晋升他为项目经理，可以出色完成团队的任务。

小海在其事业鼎盛的时候毅然选择了辞职，去更大的公司，更好的平台，因为他知道，之前的小公司已经不能给他带来成长了，他需要更大平台来历练。

就像一只老鹰，当它还是幼鹰的时候，还是很贪恋鹰巢的，可当幼鹰长大成为老鹰时，广袤的天空对它来说有更大的吸引力。

[5]

每个人的职业，没有高低贵贱之分，只有喜不喜欢，舒不舒心。假使给你高薪，但每天你得顶着巨大的压力，闭上眼睛连睡觉做梦都在想工作的事，辗转各个饭桌，觥筹交错中看尽人间的心酸，你寻觅良久都得不到一个真心的朋友，这样的职业你还要吗？

相反，有的人做着一份力所能及的工作，空闲之余有点自己小爱好，有三五朋友相伴，或许没有大富大贵，但这样快意的生活拿千金万金也不换。

对于个人爱好，对于工作事业，别那么保守，你还那么年轻，别害怕摔倒，大不了再爬起来，抖抖身上的尘土，继续前行，怕的是你保守的过一生，碌碌无为，还安慰自己平凡可贵。

就不要再忽悠
自己在努力了

你说梦想遥不可及，可是你从不早起。你觉得成功都是属于别人的，只因你从未努力。放过自己很容易，让生活放过你很难。小悦希望，接下来的日子，你不再敷衍自己，不再轻言放弃。

[1]

去年的时候，公司新来了一位同事。

他很健谈，擅交际，几番接触下来，觉得这是一个很聪明的男生，然而进公司几个月之后，他做方案的路子却没什么进步，思维模式有些不符合他年龄的守旧，套模板化过于明显，缺乏创意和新鲜元素。

我想，不应该的，以他的热情和勤快，再配上聪明的大脑，该是短时间内迅速上手才对，可他连着几次做出来的方案，皆不尽如人意。

我与他在工作上有很多的交接和互通，眼看着他的聪明半点没体现在策划案上，不免有些着急。

有一次一起去见客户做提报，我提前一天告诉他，要提报的这个方案我做了些改动，然后大概跟他说了下改动的地方和用意，让他重新梳理一下思路，以免提报的时候出现误差，他连说放心吧没问题。

结果，当我们在会议室认真听他演讲的时候，他卡壳了，因为一个细节部分的活动现场创意环节，他完全想不起来我之前的叮嘱，站在那里不知所措。甲方的代表趁机提问，同事挠头支吾不清，场面一度陷入安静和尴尬。

我赶忙起身救场，将创意环节的节目推荐解释清楚，并表示这种策划的各种优点。

当然，最终这场合作成功了。

但从头回顾，还是有些后怕。

这是一场大活动，资金齐全，回款迅速，如果因为一些细节问题导致不愉快，一定是件悲哀的事情，甚至是一场责任和事故。

新同事散会之后连连道歉，保证下不为例，可是，他并没有做到他说的“下不为例”。

管他要一份方案的时候，他都是能拖则拖，问他怎么好几天了还没完成，同事说，最后期限还没到，不着急。

他的方案经常套用从前的模板。这本无可厚非，好的东西去芜存菁之后也堪称经典，可如果每次的方案，翻来覆去都是那么几个模式，就有些糊弄了。

我问他：“这样怎么行？”他满不在乎地说：“重新划定思路太麻烦了，相同的方案也没事儿，反正不是同一个客户。”

今年年初，这位同事跳槽去了另外一家公司，我与他的交集也越来越少，本以为再无联系，谁知前几日接到他的电话，问我：“公司现在还招人吗？”

原来他在新的工作单位仍旧保持着从前得过且过的样子，终于丢失了一笔订单，甲方转寻别家合作，他的老总大怒，这位同事也因此离职。

我想，他从前那样轻易放过自己，任由懒惰和拖延滋长，终究为自己的吊儿郎当和得过且过买了单。

一时的轻松，远不足以支撑人生的轻松，那些健谈是深谙职场的圆滑与世故，以为见人说人话见鬼说鬼话，人际关系处理得当就拿到了免死金牌，但事实却是工作能力上的不作为，再老谋深算也无用。

[2]

我们之所以这么轻易地就放过自我的成长，是因为心里存在着一个叫“侥幸”的词语。

不用力的生活，没准有它的好处呢？没准领导看不到我偷懒呢？没准我的方案误打误撞就被选用了呢？所以没关系啊，你看，我这样不认真，也没造成什么严重的后果，做事情嘛，过得去就好，不必太用力。

于是，我们一遍一遍地自我暗示，第一次找借口的时候还有点心虚，但在第二次第三次第N次之后，我们居然都习惯了这些借口，我们站在人生的十字路口上，选择了最简单最容易的那条路。

我们都忘记了自己的初衷，以为眼前的放过和怠慢是及时行乐，是享受人生，可上天这样公平，年轻时候的懒惰，势必成为年长时候的困惑。

我的朋友小米，三个月前告诉我她要减肥，她说每次逛街时看中的衣服都穿不进去，这种感觉实在是令人沮丧，然而三个多月过去了，她的体重仍旧霸占原来的数字。

我问她，怎么还没瘦下来。

小米说，跑步太累了，而且夏天很热，跑完步还不得全身是汗水吗，太辛苦，不如冬天再跑吧。

小米说，作为一个吃货，每次逛超市都是煎熬，那么多花花绿绿的包装袋，那么多还未曾吃过的餐厅，少吃一点再少吃一点，臣妾做不到啊。

小米说，下了班还要煲电视剧或者逛街的，没时间去健身房。

小米还说，反正她现在才24岁，她结婚之前瘦下来就好了，拍结婚照之前瘦下来就够了。

可是，时光与机会，从不等人。

小米爱上了一个男子，男子说，对不起啊，我想找个瘦点的女朋友。

爱情还未开始，就结束在了她尚未瘦下来的体重里。

小米黯然神伤，却也无能为力，谁让她曾经找了无数的理由和借口而让体重听之任之。

[3]

大多数人都习惯在自己的舒适区里偏安一隅，觉得做事嘛，怎么简单怎么来，能完成就好，并不太去在意质量。

但其实，对工作以及任何事情的敷衍，就是对自己的敷衍。

你的工作报告漏洞百出，你说没关系，反正领导也不是挨个看。

你一边高喊着减肥，一边用“吃完才有力气减肥”来宽慰自己。

你一边不满着老板为什么用一个不如自己聪明的人，一边做一个只扫自己门前雪不管他人瓦上霜的办公室油条。

你一边说着“每天叫醒我的不是闹钟，是梦想”，一边关掉闹钟继续睡。

你一边对这个社会贫富差距不满，一边窝在沙发上打游戏、看冗长的电视剧，而不是让自己升值。

太容易放过自己了，以至于觉得一切的放过都是理所当然，甚至于养成了敷衍的习惯，日复一日年复一年，还给自己找无数个借口，什么拖延症，什么活在当下及时行乐，什么要做自己……各种口号层出不穷。

但你就是没注意到，这样的放过，并不会成就你，相反，它会拉低你，让你一再下滑，最终摔得惨痛。

没有谁的人生是容易的，我们总要经过日积月累的努力才能去靠近自己想要的生活。而如果，在这些年轻的日子里，我们轻易就放过自己，逃避当下的困难和坚持，那么，我们终究会离自己想要的生活越来越远。

我总是听到有人说，如果时光倒流就好了，如果重新开始就好了，就能够重新学习和努力，就不会遇见今天的不如意。

可时光不能倒流，谁也无法回头，如今的不如意，恰恰是从前轻易放过自己的结果。有因才有果，若你现在还放任自己，敷衍生活，多年以后，你将失去更多。

而那些失去的，多半是你本可以拥有的。

你为什么不在最开始的时候，就抓住命运恩赐的每一场机遇，一步一步踏踏实实，用努力去创造自己的碧海蓝天？

第二辑

我有愿赌服输的孤胆，也有坚持下去的决断

爱了就是爱了，不苛求回报；喜欢就去做，不奢望结果。

愿你有愿赌服输的孤胆，也有重新开始的决断。

你都没去努力，光嘴说有什么用

写网文的麦子姑娘和我抱怨：“如果我也能千字二百的话，那我一天绝对能码两万字。”

麦子的抱怨让我想到了在很早之前关注过的一个小主播。只有两千的粉丝，每天要直播八个小时，要打赏，要关注，生病了也从没有断播的时候。不到一年的时间，她的粉丝涨到了七十万。

大多数人都有过这样的心理。看起来很努力，却没有大进步；艳羡厉害的人月入百万，又可怜自己不得赏识；自己一狠心，一咬牙，但凡拼命了一点，马上就又会心疼自己，委屈到掉眼泪。仔细想一想，你看起来的努力都不及那些厉害的人的日常。你一天能码两万字，你早晚会千字二百。

这是大多数人都会存在的不劳而获心理，承认吧，你就是想成功又不想努力。

后来我和麦子姑娘沟通了这件事，麦子姑娘有所启发。半年后的麦子姑娘已由日更5000变成了日更一万，千字二十涨到了千字八十。麦子的书时常出现在各大销售榜单上。

年底，麦子从作家年会回来，我去接她。麦子坐在车后面拿出笔记本开始码字。我问麦子：“这么努力，这是要成神了吗？”麦子说：“我还差得远呢，那些大神们可比我努力多了。”

以前，总是觉得自己是匹黑马，只是没有遇到伯乐。发表过几篇文章就觉得自己小有名气，写过两个故事，就认为可以卖字为生。当我投稿十连退，故事没人理之后，才意识到自己什么都不是，只是自大。多年以后再回想，我是伯乐，我也不会喜欢这匹马。你还一无所有的时候，你至少应该有一颗踏实努力的心。世界上最可怕的就是比你厉害的人比你还要努力，那些天赋过人的天才们，他们其实一直在低头学习。

世界是公平的。你订好闹钟，你又按了十分钟后提醒；你去自习室学习，又掏出了充好电的手机；你在图书馆借了几本书，两周后又原封不动地还回去；你要考英语四级，一套真题没做完就又去追美剧；你让自己看起来很忙碌，其实你什么都没有做；发誓要好好学习，你却没有静下心来看书，而在忙着发朋友圈，告诉大家你在努力。所以你还是老时间起床，所以你四级几次没过，所以你在自习室玩了一下午手机，所以你朋友圈有赞有鼓励，你还是没有成绩。

我想起了我的一个朋友，张导，做网剧，喜欢和我们聊一些电影的前景和一些大师的作品。

每每讲到当下的某部电影导演和他是同一时期的同行时，总不忘感叹两句，别人的运气太好，自己就遇不到大方的投资方。

这些年，他拍过几个宣传片，接过几个小网剧。想做一些像样的网络大电影，不是缺剧本，就是没投资。

我问他："那你这么久都在忙些什么？"

他想了想，也没说出个所以然。

其实，他只是在忙着见编剧谈剧本，忙着找老板拉投资。从没有停下来认认真真地做部电影，想一想自己是差在了哪里。

好不容易想认真做个电影了，坚持了没两天，就又想质量什么的都不要紧，先把钱赚了再说。

别人在努力的时候，你在发呆。别人有成就了，你又怪自己运气不好。哪有那么多天上掉馅饼的好事？

把闹钟订好，把手机关掉，把真题摞成册，写不完就不吃饭。在火车上，也要摆好笔记本写一篇稿。不要在别人玩的时候就想劝自己，歇一会吧，大家都在玩，他在背后努力的时候，你又看不到。你要知道，你在努力的时候还有人比你更努力，你感觉自己很辛苦的时候，他们也还在咬牙学习。从来都是天助自助者，你那些努力的时光，是不是也要看心情，看天气？

不能每天对生活打鸡血，就也别抱怨了。你就承认了吧，你就是想成功又不想努力。

总有些路，需要你一个人去走

友老丁送儿子去省城上大学，按理说要第二天才能回来，没想到当天下午他就回来了。他说只送儿子上了火车，然后自己就回来了。

我说他有点不负责任，作为一个父亲，应该送儿子到学校报到。老丁笑道：“送人千里，终有一别，还是留一段路让他自己去走吧！”

我终于明白了他的意思，顿时对他肃然起敬。

作为父母，也许你很疼爱自己的孩子，希望儿女们平平安安，永远幸福，但不是每个父母都能长命百岁，不是每个父母都能陪伴自己的孩子一生，总有一段路需要儿女们自己去走。

作为老师，也许你很关心自己的学生，希望学生们一个个考上名校，都有出息，但你终究只能陪伴学生走到考场外，考场内的那段煎熬还得靠学生自己去体验，试卷上的难题还得靠学生自己去解决，考上大学后的学业还得靠学生自己去完成。而且你也将会有新的学生、新的任务，你的头上迟早也会添白发，你也迟早会退休，总有一段路需要学生自己去走。

作为伴侣，也许你非常喜欢自己的另一半，希望另一半健康幸福，永远快乐。但人生路上有时有人会先走，那么自己也要学会承担。而且每个人都有自己的事业，不可能与伴侣时刻寸步不离，总有一段路需要伴侣自己去走。

作为朋友，也许你非常关心你的朋友，希望每一个朋友都万事如意，一帆风顺，但每个人都有自己的家庭和事业，每个人都有自己的生活，不可能永远陪在朋友身边，总有一段路需要朋友自己去走。

所以，总有一段路需要别人自己去走，因此你不必害怕。儿女们长大了，试着让他们走出自己的视线，去开始新的生活；学生们毕业了，就让他们各自高飞，去取得新的成绩；伴侣整天陪你也不容易，就放手让他去开创自己的事业，实现自己的人生价值；朋友在一起是一种缘分，但不要把聚散看得太重要，相信朋友在新的地方也能实现梦想。

总有一段路需要别人自己去走，因此要珍惜在一起的这段美好时光。鼓励儿女们打造一双强劲的翅膀，无论天涯海角都不会坠落；引导学生们认准前进的路，无论何时何地都不会迷失方向；与伴侣互勉，各自取得事业的辉煌；在关键时刻向朋友伸出援助之手，让他渡过生活的难关，看到明天的希望。

总有一段路需要别人自己去走，你又何必把别人控制在自己的视线里？还是放心地留一段路给别人自己去走吧！小鸟要自己展翅才能学会飞翔，人要自己行走才会真正成长。人与人的相处不应该是相互占有，而是彼此的尊重！

好花不常开，好日子不常在

没有一个冬天不可逾越，没有一个春天不会来临。这是对生活的信心，也是对生活的希望。

地铁上，两个年纪40岁左右的女人在说话，一个说：“这日子真的是没法过下去了，我真是再也受不了了，他居然跟我说要把房子卖了。你要想想，把房子卖了我们住到哪里去啊，没想到跟了他这么多年，现在居然落到这步田地。”

另一个说：“那不行啊，就算是把房子卖了，这样下去也是坐吃山空，还是要想办法让他出去工作才行。”

“谁说不是呢！可是他要是肯听我的就好了。现在他什么朋友都没有，什么人也不愿意见，整天待在家里，孩子也怕他，随时都会发火，我都烦死了，这样的日子难过死了，死了倒还痛快了。”

“唉……”

原来这个家里的男主人，下岗了之后也做过几份工作，但做了一段时间都不成功，意志愈加消沉。于是女主人对他越来越不满意，软的硬的都没什么用，因此家里开始硝烟弥漫，大吵小吵没有断过。

眼看着家里就自己一个人上班以维持家用，女主人心里也着急，可是又不知道用什么方法来让老公重整旗鼓。男主人于是就提出把房子卖了租房子住，于是又展开了新一轮的口舌之战。

女人开始感叹，当初怎么嫁了这样的男人，还不如嫁给×××。“我有时真想一刀把他给砍了！”她说，“这日子过不下去了！”

人生就是这样：苦多于乐！

美国教育哲学家乔治·桑塔亚纳说：“人生既不是一幅美景，也不是一席盛宴，而是一场苦难。”不幸的是，当你来到这世界的那一天，没有人会送你一本生活指南，教你如何应付命运多舛的人生。也许青春时期的你曾经期待长大成人以后，生活会像一场热闹的派对，但在现实生活中经历了几年风雨后，你会幡然醒悟，人生的道路依然布满荆棘。

无论你是老还是少，都请不要奢望生活越过越顺遂，因为你会发现大家的日子都很难熬。再怎么才华横溢、家财万贯，照样逃离不了颠沛困顿。人人都要经历某种程度的压力和痛苦，而且难保不会遇上疾病、天灾、意外、死亡及其他不幸，谁都无法做到完全免疫。就算成功人士也会承认这是个需要辛苦打拼的世界。精神分析学家荣格主张：人类需要逆境，逆境是迈向身心健康的必要条件。因此遭遇困境能帮助我们获得完整的人格与健全的心灵。

人的一生总有许多波折，要是你觉得事事如意，大概是误闯了某条单行道。也许你曾拥有一段诸事顺利的日子，因此志得意满的你开始以为你已看透人生是怎么回事，一切如鱼得水，悠然自在。可惜就在你相信自己蒙天赐之福时，却发生了好运化为乌有的意外。

美国作家诺瑞丝拥有一套轻松面对生活的法则：人生比你想象中好过，只要接受困难，量力而为，咬紧牙关就过去了。你跨出的每一步，都能助你完成学习之旅。面临生活考验时，耐力越高，通过的考验也越多。所以要放松心情，靠意志力和自信心冲破难关。

保持积极的人生观，可以帮助你了解逆境其实很少危害生命，只会引起不同程度的愤慨，何况一定的压力对人也有好处。舒适安逸的生活无法带给人快乐与满足，人生若是少了有待克服的障碍、有待解决的问题、有待追求的目标、有待完成的使命，便毫无成就感可言了。

人生是一个学习的过程，接二连三的打击则是最好的生活导师。享乐与顺境无法锤炼人格，逆境却可以。一旦渡过了难关，遇到再糟的情况也不会惊慌。人生有甘也有苦，物质环境的优劣与生活困厄的程度毫无瓜葛，重要的是我们对环境采取何种态度。接受好花不常开的事实，日子会优哉许多。记住这句话：生活苦多于乐，何必太在乎。

人生比你想象中好过，只要接受困难、量力而为、咬紧牙关就过去了。

放弃才是最重要的选择

我爱吃樱桃，去年却没吃到，原因有点奇怪：好友知道我对樱桃的嗜好，有次来找我玩时，提了两箱，当时樱桃还将熟未熟，所以这两箱有点酸涩，我就放一边了。后来樱桃大量上市，我屡次看到欲买，但想到家里还有那么多，没必要买，可回家看到那两箱，又觉得不好吃，不想吃。

最后，家里的两大箱终于烂得差不多，全扔了，而樱桃也过季了。

就这么错过了大樱桃，后来几次想起来，都觉得挺亏：又不是没卖的，又不是没钱买，又不是不想吃，结果居然没吃到，真是莫名其妙。

再后来反省这件事，发现问题出在我的决策上：那两箱既然不好吃，就该早点扔掉它，何必非留着，把它等烂了，把新鲜的也错过了。

幸亏只是一季樱桃而已，错过了也没什么大损失，要是人生大事就悲剧了。前段时间跟小妹聊天，她正为一段感情无限纠结：交往了两三年的男友，一直跟另一个女孩暧昧不清，对她时好时坏。小妹说，他们之间存在很多问题，但她就是狠不下心来做了断，怕真放弃了，以后会后悔。

我一下想起那两箱樱桃来，小妹的感情无非也是如此：酸，不好吃，但扔了又可惜，非等它自己烂掉，才舍得放手，以使自己心安，一生无悔。

可是一个女孩子，你有多少青春可等待，有多少感情可付出。很可能等你这段感情终于烂掉了，终于可以心安理得去寻找下一段，最好的季节已过去，你已经没有新鲜樱桃可吃了。

大概很多人的生活里都遍布鸡肋：鸡肋樱桃，鸡肋感情，鸡肋工作，鸡肋房子……很多东西都不尽如人意，但你没有将其扔掉，觉得总归有它在保底，好过没有。因为一堆鸡肋樱桃，总还是能吃的。一份鸡肋感情，总还能填补身边空缺。一份鸡肋工作，总还可以给人个安身立命之所。

可是，当一个人“退可守”时，便常常忘记了“进可攻”。很多时候，正是这些给你保底的鸡肋，挡住了你的路，它们的存在，让你失去了去寻找更好的东西的理由和动力，也就让你远离了本来可以更好的人生。为了“将来不后悔”，你不知道错过了多少好东西。其实，很多时候，放弃才是最重要的选择。

熬都没熬过，急什么

一位立志在40岁非成为亿万富翁不可的先生，在35岁的时候，发现这样的愿望根本达不到，于是放弃工作开始创业，希望能一夜致富。五年间他开过旅行社、咖啡店，还有花店，可惜每次创业都失败，也让家庭馅入绝境。

他心力交瘁的太太无力说服他重回职场，在无计可施的绝望下，跑去寻求高人的协助。高人了解状况后跟太太说："如果你先生愿意，就请他来一趟吧！"

这位先生虽然来了，但从眼神看得出来，这一趟只是为了敷衍他太太而来。高人不发一语，带他到庭院中，庭院约有一个篮球场大，庭中尽是茂密的百年老树，高人从屋檐下拿起一扫把，跟这位先生说："如果你能把庭院的落叶扫干净，我会把如何赚到亿万财富的方法告诉你。"

虽然不信，但看到高人如此严肃，加上亿万的诱惑，这位先生心想扫完这庭院有什么难，就接过扫把开始扫地。过了一个钟头，好不容易从庭院一端扫到另一端，眼见总算扫完了，他拿起畚箕，转身回头准备畚起刚刚扫成一堆堆的落叶时，却看到刚扫过的地上又掉了满地的树叶。

懊恼的他只好加快扫地的速度，希望能赶上树叶掉落的速度。但经过一天的尝试，地上的落叶跟刚来的时候一样多。这位先生怒气冲冲地扔掉扫把，跑去找高人，想问高人为何这样开他的玩笑。高人指着地上的树叶说："欲望像地上扫不尽的落叶，层层盖住了你的耐心。

耐心是财富的声音。你心上有一亿的欲望，身上却只有一天的耐心。就像这秋天的落叶，一定要等到冬天叶子都掉光后才能扫得干净，可是你却希望在一天就扫完。”说完，就请夫妻俩回去。临走时，高人就对这位先生说，为了回报他今天扫地的辛苦，在他们回家的路上会经过一个谷仓，里面会有100包用麻布袋装的稻米，每包稻米都有100斤重。

如果先生愿意把这些稻米帮他搬到谷仓外，在稻米堆后面会有一扇门，里面有一个宝物箱，都是善男信女们所捐赠的金子，数量不是很多，就当作是今天你帮我扫地与搬稻米的酬劳。这对夫妻走了一段路后，看到了一间谷仓，里面整整齐齐地堆了约二层楼高的稻米，完全如同高人的描述。

看在金子的份上，这位先生开始一包包地把这些稻米搬到仓外。数小时后，当快搬完时，他看到后面真的有一扇门，兴奋地推开门，里面确实有一个藏宝箱，箱上并无上锁，他轻易地就打开宝物箱。

他眼睛一亮，宝箱内有一小包麻布袋，拿起麻布袋并解开绳子，伸进手去抓出一把东西，可是抓在手上的不是黄金，而是一把黑色小种子。他想也许它们是用来保护黄金的东西，所以将袋子内的东西全倒在地上。

但令他失望，地上没有金块，只有一堆黑色籽粒及一张纸条，他捡起纸条，上面写着：这里没有黄金。

这位受骗的先生失望地把手中的麻布袋重重摔在墙上，愤怒地转身打开那扇门准备离开。却见高人站在门外双手握着一把种子，轻声说：“你刚才所搬的百袋稻米，都是由这一小袋的种子费时四个月长出来的。你的耐心还不如一粒稻米的种子，怎么听得到财富的声音？”

伟大都是熬出来的，为什么用熬，因为普通人承受不了的委屈你得承受，普通人需要别人理解安慰鼓励，你没有，普通人用对抗消极指责来发泄情绪，但你必须看到爱和光，在任何事情上学会转化、消化。设定了目标就要脚踏实地去努力实现，多一分耐心，就多一分希望，否则只能是镜中花，水中月。

能让你坚持下去的，都是你心甘情愿的

往往故事的开始，都是出于一个决定，而通过这些决定，随之而来的便是这样那样的故事。

2005年，头脑容易发热而略显幼稚的我，做出了一个重大的决定：出国留学。

为什么是重大决定？

对于当时我们的家庭来说，出国留学这件事是个沉重的经济负担。当时，我也没有考虑那么多，就是一心想要出国，我把这个沉重的担子重重地扔给了爸妈。

我当时的想法是，只要能远离贫穷落后的家乡，就会发展得好。我总是听别人说“国外就是比国内先进！”如果真是这样，只要我能融入一个更先进的环境里，我一定可以得到很好的发展。我当时就是这么认为的。

经过几番“斗争”，爸妈最终妥协，无奈之下答应了我。他们表示，无论怎么样，都会把我供到毕业，只要我在外好好读书。我给了他们保证。就这样，我踏上了留学之旅。

出了国，我才发现，原来真的如很多人说的那样，“梦想是美好的，现实却是残酷的！”在国外那段时期，我没有按照向爸妈保证的那样好好学专业课程，而是把心思花在了谈恋爱、上网、游戏……

因为我潜意识里暗藏着不喜欢，我的专业课成绩一塌糊涂。

当时，我被一股不正的留学风气浸染着，我甚至已经忘记了，我出国是干什么来的！

我到底喜欢做什么？

我不知道自己毕业后要从事什么工作。我一直躲在学生梦里不愿意清醒。其间，我也偷偷尝试过创业，但都是以失败告终，甚至后面好几年我都认为自己不是做生意的那块料。

当我打包回国的那一刻，我才意识到，我并没有履行对我爸妈的承诺，也没有实现我自己的心愿。

当一切回到原点的时候，我还是需要面对接下来的生活。

一个人脑袋上假的光环始终是假的，即使赢得一时的称赞，心里也是空的。

可在一个人独处的时候，我仍然相信，即使我再没有成绩，我还是可以通过自己的努力来养活自己。自尊心告诉我，我不能当啃老族。

那时的我，只是一味地想着要赶紧工作，却不知道自己到底可以做什么，应该能做什么！

当我们内心不够强大，心智不够成熟的时候，很难静下心去对自己进行彻底地评估。

我们只是一味地告诉自己说，要工作，要工作，要赚钱，要赚钱。

当一个人心里只考虑这个月能给自己多少薪水，做着一份自己并不擅长也不热爱的工作时，久而久之，这个人就会被生活打磨得没有任何激情。最后还会感叹："是啊，时间总是过得那么快，我没有创造任何价值，我在慢慢变老，生活太乏味！"

很多时候，你会忍不住抱怨这个社会，认为自己生不逢时，认为自己能力不够强大，所有的负面想法最终都会通过你的潜意识作用到你的生活中。

你的生活状态会一直沿着你认为的样子继续下去。生活没有任何改变，不是这个社会给你的，而是你自己，只是你没有意识到罢了。

从这样的生活状态里走出来的我，也爱怨天尤人，总爱从外界找原因。生活中，我并不是没有机会，而是没有发现自己到底能做什么！当我回顾过去，我发现是潜意识让我迷失在前进的路上。

过去，我一直在问自己到底喜欢做什么，到底擅长做什么。一直到去年，我还是这么在问自己。我现在知道了改变我的潜意识里的负面信息，工作也趋向平稳，但是我知道，现在的这一切肯定不是我真正的事业，因为我还是会经常蹦出一些新想法。

从小到大，我们没有少听人说“要给自己一个正确的定位”。

什么才是正确的定位?

很多人的理解就是，看你自己擅长什么。但我们发现，这个世界上绝大部分的人都在做着自己不擅长的事情。当我们看见一个人做着自己喜欢又擅长的工作，我们会说这个人的命好，这个人运气好。

我以前也是这么理解的，认为要做自己擅长的事情。懂得潜意识之后，我才进一步发现，自己真正擅长的事情，是你的潜意识不会怀疑的事情。

很多人认为自己学了什么就算是擅长什么。请记住，潜意识需要一个信息不断传达的过程，需要一个累积的过程。当你对自己内心认为还算擅长的事情表示怀疑的时候，你不可能在这件事上面发光发亮，你硬着头皮撑着，结果铁定是好不到哪里去的。

当你越来越享受你当下所从事的工作以后，你的潜意识会促使你迸发出巨大的能量，你在这个领域自然就会发光发亮。我和我的朋友都在慢慢进步，生活都在好转，我相信下一个就是你。

愿赌就要服输，大不了重新开始

芥末有个谈了两年的男朋友，可我们这帮小姐妹只偶然见过一回，被我们称为“神龙”。他们一个月也见不了几次，因为神龙总出差，二人只有周末才能相聚。

芥末的这段恋爱谈得特别不正常：他们俩年纪都不小，两年里，神龙从没带芥末见过父母，也没有正式介绍过给朋友认识；本来两人见面就少，每每节假日提前约好去哪里玩，都常常被各种原因取消，如加班、出差、神龙父母临时有事；神龙在这段关系中从来不妥协，无一例外都是芥末讨好他，一如两个人出去吃饭、旅行、买东西，乃至约会时芥末穿什么衣服都要听神龙的安排……

种种奇怪的事儿听得我们咋舌，心里升起无数个疑问，最后化成一个巨大的问号：芥末究竟图什么呢？

芥末心里是清楚的。在这段关系里她不但没有底气，也不见得多快乐。芥末本是一个暴脾气，跟谁说话都大嗓门，还有点自我为中心，可一跟神龙打电话，就瞬间温顺地变成一只猫。据说神龙还是个毒舌，经常逮着芥末的各种缺点，不依不饶地损，以至于芥末现在都变得神经脆弱，常常自我怀疑……

芥末某次哭着说，她已经在神龙身上耽误了两年，一个三十多岁的女人，还有几个两年可以辜负呢？可是，继续下去，她也觉得他们最后未必会在一起，神龙就算再好，可能终究与她无关。她哭得悲凉，我们看得唏嘘。

她并非天真，也深知偶尔升腾起零星的希望，不过是内心里的自欺欺人与不甘心，遥不可及。

食之无味也不忍弃之，大抵是因为那个鸡肋已经是手边最好的选择。

可芥末没想明白：鸡肋之所以是鸡肋，它消耗的是未来，阻挡的是各种可能性。放不下舍不掉，把自己置于这段无望的感情中，无异于亲手屏蔽掉重新开始、遇到对的人的机会。她以为自己不认输就还没有输，可实际上，她早已满盘皆输。

对学生族来说，最近的大事儿莫过于考研出复试分数线了。菠菜接到男朋友的电话，在楼梯间就抑制不住地失声痛哭起来。和她一起哭的还有那端的男朋友，今年已经是他第三次考研了。

他的考研分数比去年多了好多，二人都喜出望外，依照去年的国家复试分数线来判断，这个分数上复试没问题，还多出七八分呢。可谁知道，今年的复试分数线比去年高了十分。仅几分之差，前途未卜。

挂了男朋友的电话后，大高个儿的菠菜缩在楼梯间的角落里继续哭得跟个泪人儿似的，小小一只看得让人心疼。我安抚她，她一边抽噎一边断断续续地说："他都考三年了，我真的好怕他承受不住。他就是想考那个老师的研，怎么就那么难呢。本来以为今年过复试没有问题的，谁知道……我真的怕他接受不了这个结果。"

我抱住她，安慰："不会的，菠菜，他是个男子汉，他将来是要承担一个家庭责任的男子汉，不会在考研这样的事上就承担不了。你不要难过，要比他更振作，安慰他、陪他度过这段难挨的日子。"

失败真的很难接受吗？并不是。但失败会让我们错误归因，"那件事我做不到，是因为我能力不行。"承认自己能力不行、不够好，是件无比沮丧的事情。可人们忘了，有的事情很难做到，是因为它本来就很难，不是你不行。

甚至有时候，只是你运气不好。就好比你想要个晴天，老天爷偏给了个雨天。但现实生活中，拿“做不到的事情”为难自己的人，比比皆是，甚至有人雄心壮志地说“自己做的选择，就是跪着也要把它做完。”其实大可不必。

你尽你所能去做，它呈现的结果就是它本来的最好的结果。那个你竭尽所能去抵达的结果，以及这个过程带给你的蜕变和成长，就已经是最好的结局。

我们似乎无法接受：这世上总有那么一个人，不管你多么爱他，他就是不爱你；也总有一些事，不管你多么努力，拼死拼活，你始终无法抵达期望的结果，得到你想要的那一切。但很多时候，这就是事实。还请你别介意。

这世上有种真爱注定不是你的，但你去爱了，你会庆幸至少此生曾见过它美好的样子。那些付出没有得到回报，也值得，因为努力并没有白费，它们会让你更强大。

愿赌服输。承认自己就是得不到、赢不了，并不可怕。可怕的是，没有得到的，连自信心、勇气、希望也一同失去，从此消极度日，怀疑人生。

那些得不到的东西，我们固执地以为自己非要不可，当它们一而再再而三地消耗你刺痛你时，你是否会反思：曾经美好的初心，何时变成了一种偏执？

爱了就是爱了，不苛求回报；喜欢就去做，不奢望结果。愿你有愿赌服输的孤胆，也有重新开始的决断。

哪怕头破血流，也要死磕到底

从小到大的耳濡目染中，出国一直是很多人的向往，那个美丽的大洋彼岸承载着太多人的梦想。青少年时代的电视剧里，有好多人都在国外出人头地，闯出了属于自己、属于中国人的一片天。

随之而来的是更大片的出国潮，仿佛只要坐上飞往国外的航班，金钱、前途、声望、地位就会接踵而至。殊不知，出国却是大部分人噩梦的开始。

在澳洲的11年时间里，我看了太多留学失败、移民居无定所的例子。经历了太多被人歧视、委屈无处发泄的时光。所幸的是，我没有像很多人那样自暴自弃。

请随着我，走进电视上没有的外国，看我经历的事，走我走过的路，希望从我的主观视角带给您客观的判断，顺带的，带给您一些正能量，好好珍惜眼下的美好时光。

在澳洲的第一个工作，是在我姨所经营的肉店里做店面销售，而上了大学之后，我姨的店铺离我住的地方需要开一个小时的车，现实逼迫着我告别了我的第一份勤工俭学，出去找寻离家近、对我来说比较方便的工作。

那个时候每天都买三四份悉尼的中文报纸，对着电脑寻找澳洲的工作网站，每天打几十个电话，每周都去参加好几个面试。

当我抱着自己的傲骄觉得工作手到擒来的时候，现实给了我狠狠的一巴掌。

整整一个月时间，我的标准从每小时25元澳币逐渐降到10元，再逐渐降到只要是个工作就行的地步，却还是找不到一份勤工俭学的工作。回绝的理由千篇一律，中国留学生，英文程度不高，还要根据我的上课时间安排工作时间。

高昂的生活费用将我压得透不过气，内心的骄傲却不让我求助爸妈、求助身边的人。

在我觉得心力交瘁的时候，苏醒给我带来了一丝希望，一个24小时便利商店的通宵工，他却只是抱着跟我随便一提的态度，因为在他内心里觉得我根本不可能去做那么辛苦的工作，即使做了也不可能坚持多久。

每个人的一生中会遇到太多的事情，在很多事情没有发生之前，我们从潜意识里排斥并且总觉得自己不可能会完成，却在事情发生之后发现自己居然可以完成得很完美，只是之前没有逼出自己的全部潜能。

人的潜力是无限的，现实往往会逼迫着我们做出妥协，走出原来根本无法想象的那一步。但当你真的开始努力地走出那一步后，你会发现其实很多东西并没有你想象得那么艰难，只要坚持就有可能看到另外一个坚强的自己。

当我抱着试一试的想法去开始这个每天工作12个小时，每周工作三天，每个小时只有8元澳币工资的通宵工作时，我根本没有想到我这一做就是两年。

这个工作占据了我大学的一半时光，很多时候我都是早上七点半下班之后再直接去学校接着上课。一开始的时候是开车上课，到了后来只能改坐公车，因为我好几次差点因为睡着酿成大祸。

我一边打着工一边上着学，内心的成就感不言而喻，总觉得自己帮家里分担了好多，每次打电话回家时当我爸妈问到工作的时候，我总说只有店里很忙的时候偶尔通宵。

每个安静的夜晚其实是最寂寞的时候，到后半夜我常常强撑着精神坐在店门口，看着满天的星星发呆，再看着朝霞逐渐漫天，太阳缓缓升起。

那个时候我深刻地知道这不是我想要的生活，但却是通往梦想生活的云梯，必须坚持着一步步走完它。随着大学生涯渐渐接近尾声，我可以感觉到这种日落而作，日出而息的生活也马上就要结束了，却不曾想到发生一件只有可能在电影里发生的事情。

事情发生在一个像往常一样的平静夜晚，当时已经凌晨一点三十分了，店内空无一人，我正无聊地拿着电话跟远在北京的苏盼打着国际长途，唠着家常打发时间。

这个时候突然在店门口出现了一个戴着黑色面罩的白种人，我被他这装扮吓了一跳，还没回过神来，就看到他拿起一把黑色手枪指了我一下，接着快步绕过前台进入了我所在的收款区域。

他拿着枪抵住我的头顶，语速很快地对我喊："Open the till and put all the money in the bag.(把收款机打开，然后把所有的钱放进这个袋子里。)"

说实话，当时我的脑子一片空白，电光石火之间随着本能出现在脑袋里的两件事情居然是：1. 我不能给他钱，要不老板一定会克扣我工资的；2. 这说不定是把假枪，赌一把。

接着我居然当着他的面拔下了收款机上的钥匙，并且语不通句不顺地对他说："No，boss not here，I can't open the till.(老板不在，打不开。)"

抢劫的人明显愣了一下，拿起枪把就朝我的头砸了下来。我撇了一下头躲了过去，但却更肯定他拿的枪一定是假的了，于是大呼起来："I will call police straight away if you are not leaving.(你再不走，我就要打电话给警察了。)"

那个抢劫的人再次愣了一下，似乎想不到怎么就在这碰到个要钱不要命的，难道老板没有告诉过你碰到抢劫就乖乖地给他钱，保护好自己的生命最重要吗？在腹诽了一遍老板没有教育到位之后，歹徒也无计可施，只能再次作势要打我，在我往后躲开之际撒腿跑出了店铺。跑到门口突然一个踉跄，因为我还在后面用中文呼喊着类似“不要走，大战三百回合”之类的场面话。

事情从开始到结束，一共就短短的一分钟不到，我居然若无其事地继续拿起电话跟苏盼说话。

苏盼在那头问发生了什么，我说有人抢劫，他说你拍戏呢，我说真的，他挂机了。

当我坐在店里的椅子上回想整件事情时，突然一阵后怕，紧接着是一阵类似虚脱一样的感觉，觉得全身的力气一下被抽空了，再之后就有一种想哭的冲动，觉得自己在国外受了好大的委屈。

第二天早上，当老板来到店里的时候，我将昨晚发生的事情告诉了他，他惊奇地问我报警了没，在得到我否定的答案之后他马上拨通了警察局的电话。

当天的会计课我没来得及上，因为警察来了之后在老板的配合下看了店内监控所拍下的录像，确定了歹徒拿的是一把货真价实的手枪，直接比着大拇指将我带回警察局录口供了。

权衡利弊之下，我并没有将这件事情告诉我家里人，因为那样他们就一定不会让我在这个便利商店继续做下去，那我的生活又将回到自我倔强的颠沛流离中。

直到2009年我拿到澳洲绿卡回国之后，我才告诉我爸妈这件事情，并且给他们看了我特地带回来的店内监控录像。

看完录像之后我妈长时间没有说话，一开口就是带着哭腔，说让我在国外受了太多苦。

我笑了笑对我妈妈说：“儿子早就已经长大了，必须学会自力更生，为了自己的理想而努力奋斗，而不是只想着接受家里的庇荫，永远做一朵温室里的花朵。”

对于一个男人来说，正视现实，努力向上，即使撞个头破血流也要坚持做个坚强的自己。

唯有更强，才能见识更广

仿佛一个人一旦优秀到了某种程度，就会给大家留下高高在上、爱答不理的形象。

H就扮演着这样的角色，作为我的直系学姐，她各方面都无可挑剔，仿佛浑身上下都找不到弱点。她也顺理成章地成为学校的风云人物，大学期间就参加过数家500强公司的实习，毕业后更是到了一家全球第三的咨询公司就职。

但与此同时，H在同学们眼中的形象却并非那么完美无缺，“高冷”是她留给大家一以贯之的印象。

同学们的抱怨不一而足。

“我求助H一个问题，她留给我一个网盘链接就没有下文了，继续追问她更是爱答不理。”

“我听说她来南京出差，好心好意想请她吃顿饭探讨下人生，可她死活都没有时间。”

“我们学生会想请她开一个经验交流会，她总是百般推脱，真是喜欢摆架子。”

因为我一心只想做广告相关的事业，对咨询这等高大上的行业并不感冒，因此并没有想与H扯上联系。但这个暑假，当我来上海实习时，却突然收到H的好友申请：你是××吧，我是H，有一些文案策划的问题想请教你。

H听闻我在文案策划方面小有名气，便通过另一个学姐要到我的联系方式。

受宠若惊的我，却渐渐被她提供的案例拿住了魂。这个极具挑战性的任务，让我突破了原有的思想桎梏，从不同的角度切入提出了几个方案，并诚惶诚恐地交给了H。

H当即就表示了感谢，一周后，她提出请我吃饭作为回报。

“高冷”学姐的邀约，自是无法拒绝，我立即欣然应允。

赴约之前，我已经做好了冷场的准备，毕竟H的冷若冰霜已闻名全校。但约会伊始，H却率先打开了话茬：“你的几个切入点都很不错，但有些实际操作起来是有风险的……”我们先就方案进行详尽的讨论，令我意想不到的是，主攻金融咨询的H，竟然在品牌推广方面也能与我对答如流。

在接下来的约会中，我竟然与H谈笑风生，从市场定位到品牌策略，从营销案例到西欧文学，我从未想到我俩有如此多的共同话题。而当我就目前的状况提出困惑时，H也根据自己的经验和见识，事无巨细地进行解答。

这还是那个高贵冷艳的H吗？当我满腹狐疑的神情溢于言表时，聪明的H看出了我的疑惑：

“我明白你在奇怪什么，但有时候真的不是我冷漠，是他们的问题和要求实在太弱。”

“哦，这个怎么讲？”

“有一个学妹，向我讨教求职干货，我把我整理的所有途径和面经都放到网盘里给她了，我整理了整整两个晚上啊。后来，她居然问我一条五百强的面试逻辑题，这明明百度一下两三秒就能解决的问题，何必兴师动众地来问我呢？想测试我的智商？这也太荒谬了吧。”

“的确是，非常令人无话可说啊。”

“还有一个学弟，有一次经验交流会上加了我微信，之后就一直缠着我聊一些二次元的东西，我不理他，他还得寸进尺了，非要邀请我一起吃饭看电影。你说，我凭什么答应这些无理取闹的要求啊？”

尽管H极力收敛住情感，但是我还是能感到她满怀愤懑。

“我出差一趟，要见客户，做访谈，搜集数据，要跟老同学聚会，哪有时间去搭理不相干的人呢？何况，和他们的交谈完全是驴唇不对马嘴，就像说着无法融通的语言，根本谈不到一块去。”

我可以想象H不堪回首的那些场景：

当H谈起香奈儿的品牌策略时，某学妹在极力夸耀男朋友给她买的名牌挎包；

当H说起英雄联盟的推广方式时，某学弟在滔滔不绝地讲他的超神经历；

当H提到优衣库试衣间背后的营销逻辑时，某男在一脸猥琐地复述着视频细节；

……

同一个层次上与己相去甚远的人交流，这简直是一场灾难。

同样，和一个各方各面都超出自己太多的人交往，除了体会到一无是处的羞耻感和在外吹嘘的资本，所获得的也是微不足道。

如果把一个人的交往分成浅层次和深层次。浅层次的交往可能只是囿于脸面和礼貌，即使所处的层次大相径庭，蜻蜓点水般的点头之交也不会使人厌烦；但当一个人想要开展深层次的交往时，回报率和愉悦感是他最看重的因素，而这两个因素，也往往在层次相同或相近的人群中才能满足。

最好的交往，是势均力敌。双方处于相同或相近的层次，就有了相同的话题和意义区间，那种如获知己的愉悦感也会油然而生。而与之同时，资源的交换和共享也能有条不紊地进行，没有人只索取不付出，也没有人只付出不索取，彼此提供的资源对方也有能力将其为己所用，这种健康的机制和环境，对关系的延续和发展也是大有裨益。

所以，当厉害的人对你视若无睹时，不要指责他们的冷漠，也许只是你自己太弱而已。

少年们，努力爬到更高的地方去吧！

不要轻易否定自己

我曾经是其中一个，在北京挣扎，找不到方向，找不到出路，更找不到价值的人。每月领着两千块的薪水，不敢随便请人吃饭甚至不敢轻易吃肉，更不敢去谈朋友。在理想面前，所有的现实生活都很奢侈。更可怕的是，没有阅历没有能力没有任何积累，而最让自己难以接受的，则是性格懒散不思进取不够努力，许久来却没有一丝改变的迹象。要财没有要才也没有，甚至连长相都没有，几年下来，依然在挣扎。然后就觉得自己一无是处，不知道活着这么痛苦有什么意义，然后用沉沦来安慰自己。只有在偶尔回到家的时候，和朋友谈论起，在哪工作，北京。不知道是一股自豪还是自卑感从心底升起。只有听朋友谈论起，你这不错那不错的时候，才开始半信半疑。只有当朋友用羡慕的眼神列举出一大串优点的时候，才开始反思，为什么，我要这么否定自己。

当我开始注意的时候，就发现很多人跟我一样，不断去否定自己。

他们否定自己的理由跟我大致相同：年纪大了依然被剩，自己找不到对象觉得要孤独终老；无才无貌平凡到不被人注意到，觉得这就是生活的悲剧；领着微薄的薪水，痛恨着自己没有能力；拼命坚持着却找不到方向，弄丢了理想，觉得再无出头之日；性格懒散拖延成性，能力不济毫不上进，觉得自己活该生活凄惨。总之结局都一样，觉得自己毫无价值一无是处，没有未来，找不到活着的感觉也找不到生活的意义。

可是我又很好奇，既然自己这么差，一直都这么差，又是什么让你坚持活到了现在，还活得好好的。是不是真的因为自己太差，就这么否定了自己。很显然不是。和比尔·盖茨比，我们都太穷；和姚明比，我们都太矮；和玛丽莲·梦露比，我们身材真的太差；和周润发比，我们又有些丑。我们总能发现有人有地方比我们好，那是不是我们就要否定自己。

你说，他们都是名人，你并不奢望达到那个地步，你只是想有个正常的能力。可是你告诉我，界限在哪里。和吃不上饭的孩子比，你又太优越；和重病在床时的人比，你又太健康；和被大火毁容的女孩比，你又太美丽；和在工地上挥汗的人比，你在办公室又太舒适。那么这个正常或者比较的标准在哪里。

这个世界上，总有些人的有些方面比我们优秀，让我们惭愧难当。我们想成为那样，却没有做到，然后挫败，然后否定自己。可是你又是否知道他的痛苦。我们羡慕那些年轻有为的咨询师，却看不到他们成长的历程中可能父母早年离异使自己饱受沧桑，他们只想像我们一样有个正常的家。我们羡慕那个有钱的孩子继承了父亲遗产，可是他也许只想用所有的钱换回父亲的一年，羡慕我们父母虽穷但是依然健康。我们羡慕那个在单位叱咤风云的女领导，可是她也许年近四十依然跨不上红地毯，她羡慕我们活得平凡但家庭和睦。我们羡慕的很多人都在羡慕着我们。

听起来像是每个人都有优缺点，每个人都有好的一面和不好的一面。我们要做的仅仅是不要比较而已。我们不可能成为那个完美的人，在所有方面都是最优秀的。有些人有些方面会比我们优秀，但是这些人同样羡慕我们的一些其他方面。羡慕我们习以为常却不以为然，他们想拥有却没有的东西。

既然没有完美的人，那我们只要多看看自己优点和拥有的东西就好了，就容易感觉到价值了。我们都是半杯水，看你是看到空的部分，还是看到有的部分。

我们拥有太多资源被我们所忽略，以至于我们常常挖掘自己的优点或价值的时候，也难以找到。

我们能工作在北京，却感觉不到价值。我们享受着办公室的空调，却感觉不到价值。我们健健康康着，却感觉不到价值。我们父母曾好好爱我们，我们却感觉不到价值。我们还能够在年轻的时候奋斗着，我们却感觉不到价值。我们在北京租得起房子，我们却感觉不到价值。我们能吃饱饭，我们却感觉不到价值。

可是当我们换一个环境的时候，又感觉两样。当我们回到家，带着北京的特产给亲戚朋友，我们享受着那些羡慕在北京工作的眼光；当我们到孤儿院去救济献爱心的时候，我们又感恩着父母给的幸福；当我们和给家里装修的工人一起用餐的时候，又怀念起单位的空调温度；当我们去医院探视的时候，又庆幸着自己的健康；当我们和刚失业的朋友聊天的时候，又觉得自己能领到两千块而沾沾自喜。

同样是那些让你感觉不好的东西，又会让你感觉很好。价值感是个很奇怪的东西，同样是我们拥有的特质，有时候会让我们感觉很好有时候又让我们感觉很差，可是我们自己本身却没有变。那是不是环境变了，我们的价值感就变了，也就是环境控制了我们的价值感。

我们的价值到底建立在哪里之上。

很多年前，当我还没有开始研习心理学的时候，我听说，幸福是由你的邻居决定的。当你拥有了你邻居没有的东西的时候，你就会感觉到价值，感觉到幸福。好可悲的思想，我们自己的价值感，居然要被环境所控制。我们把价值建立在环境之上。

有时候，别人夸我们，说了我们很多好，我们就觉得很得意，喜笑颜开。别人说我们不好，说了我们很多缺点，我们就觉得难过，自己哪都不好。

常常把价值建立在别人的评判之上。如果从事的是公务员，有的人羡慕我们的工作有的人则说我们安于现状。如果我们赚到很多钱，有的人说我们能干有的人说我们精神匮乏有什么用。如果我们考试考了高分，有的人说我们学习好有的人则说我们书呆子。我们听到不同话的时候，感受就不一样。

我们是否要将自己的价值建立在环境之上，那么当我们失去环境独处的时候，我们的价值感要从何而来。我们是否要将价值感建立在他人之上，那当不同的人说我们不同的时候我们该怎么办。

我们身上每样东西都是资源，只是看到的角度不一样。有的人会因为胖而自卑，有的人则会称自己“唐朝美人”，后者更容易招人喜欢。有的人会阻抗自己不善言辞不善交际，有的人则欣赏自己的文静和羞涩，后者就懂得欣赏自己。有的人会痛恨自己太固执失去了太多机会，有的人则欣赏自己的坚持。

没有一样特质是好或者是坏，只是我们身上的一样特质，只是我们用了褒贬的形容词来形容。但当我们把它还原，它依然只是我们拥有的特质。倔强其实就是坚持，讨好其实就是爱心，指责其实是力量。年近三旬是成熟美，长得太平凡则是安全，防御是因为保护自己。如果我们退去了比较和评判，那只是我们身上的特质而已，无所谓好坏。

我们都是半杯水，没有人会一满杯。有空的部分，也有有的部分。看到什么，则就有什么。

在“贫穷”中
改变自己

大多数情况下我们为人际关系发愁，为情感境遇困惑，觉得不公平，觉得痛苦不堪，就是因为别人没让着自己，或是不独立造成舍不下眼前利益，所谓的为工作、为爱情、为孩子、为别人好统统都是借口。

[1]

我曾经有位助理是“为什么先生”，之所以这样说，是因为他自从做了这份工作就喜欢问我“为什么”。不是因为好学，而是当他的想法得不到认可，他的做法通不过的时候，他就用“为什么”来表达愤怒，没有答案他就不高兴，摆出一副全世界都欠了他的臭脸给大家看。终于在他又说“不干了”的时候，我回答：“好。”

在上司面前有些人却喜欢问“为什么”，一次两次或许会被认为好学，超过三次你本意就算不是在表达不满，也会被认为是挑战权威，结果就是你越来越失败。

有些人连小聪明都学不会，不是因为有大智慧，而是自己没脑子，能做你上司的人至少在某些方面优于你，特别是那种每每都会把工作问题说得很清楚的上司，你每问一遍“为什么”都是在自毁前途一次。

“为什么先生”出身农村，父母省出地里辛苦赚的钱贴补他在城市的生活。大学毕业一年已经换了三次工作，助理这份工作可以兼职又不忙，但他还是做不下去。他其实很需要钱，一段时间后发现他利用以前做助理的便利，提走了我的一笔广告费。

职场充斥着成功学，却很少有人去告诉那些想成功的人，你要先学会做人。做人都做不好，你只会和成功背道而驰。我们总是在追求一些社会告诉我们应该追求的东西，能找到和守住做人的底线，让自己获得真正舒适和幸福的人太少，太少。

[2]

现在的年轻一代有个通病，就是拒绝长大，一边窝在家里享受父母呵护，一边走向社会牛气冲天。表现形式基本就是随意发泄个人情绪，只考虑自己的感受，却又外强中干，一遇到人际困境和学业事业的挫折，心理上就溃不成军。

上大学的女儿在为人处世方面有时候也表现极为幼稚，年过二十心理年龄只有十岁，自己不高兴就肆意发泄，毫不顾忌周边人的感受。我也曾经以为她长大了或许就会好了，事实证明不及时管教和纠正，她以为自己做了什么都会被原谅。我说："我是你亲妈，也不可能你做了什么我都能原谅，自私是人性，毕竟麻烦太多的人和事都不值得我们浪费时间。"

现实社会，即便是亲情决裂起来或许比陌生人之间更加残酷和痛苦。我们一次又一次摔跟头不是不长记性，而是压根就不长脑子，苦了哭了才想起要找亲妈，亲妈却已经被凉了心。那些生活和职场上的"后妈"却因为各自的戾气无处发泄，正愁没人虐呢。

工作是我们绝大多数人安身立命的根本，人际关系又是其中很重要的组成部分，本事不大脾气就不要太大，穷的时候除了自己努力脱贫别无选择，再多的矫情抱怨都是对自己无能的愤怒。我没有要你事事忍气吞声，但你要学会控制自己的情绪，这也是我们应该具备的教养与素质。

[3]

L姑娘离婚，原因是丈夫太忙了，忙得没空陪她，她中途出了轨还觉得不过瘾，要离婚给自己最大的自由。刚离婚的她意气风发脱胎换骨，好像新生活包括自己想要的全部。前任在刚结婚那两年是很忙，用他的话说："我不到三十岁事业又遇到了好发展，在北京这样的城市里买房、结婚、养老婆孩子怎么敢不拼？我是一年出差大半年，可拿回家的钱是一百万啊。"

但用L姑娘的话说："我就是希望他能多陪陪我，要那么多钱有什么用？我自己的薪水也够花。"当时我对L姑娘抱拳道："你厉害，佩服。"只是在离婚的时候，L姑娘又是要房又是要钱，样样都算得很清楚，可见钱到底还是有点用的。

她当然不知道前任跟我说："她的事情我都知道，没追究是因为我也有错，工作太忙忽略了她的感受，经济多让些步是对她最后的补偿。"

离婚两年后的L姑娘并没有过上她想过的日子，找到她想找的人，出轨的那个男人知道她离了婚立马消失得无影无踪。现在的她比当年还不如，她的朋友圈也是天下乌鸦一般黑，一说起这茬事就咬牙切齿，狰狞的却是自己的心。

我们自大自负，往往因为身边还是有爱我们的人，我们肆无忌惮，常常因为自己有路可退，还有亲人和爱人在为我们遮风挡雨。而离开了这些人，我们就什么也不是，甚至一文不值。

很多人问我："情绪失控该怎么办？"你其实应该在自己情绪为什么会

失控上找原因，而不是在失控之后到处找解药。对自己的弱点视而不见，对别人却百般挑剔的心，自己不惊醒，就无药可解。你还是不够穷，所以说发脾气就发脾气说不干就不干，你还是不够独立，所以离不开你厌恶的环境只能忍着。

大多数情况下我们为人际关系发愁，为情感境遇困惑，觉得不公平和痛苦，就是因为别人没让着自己，或是不独立造成自己舍不下眼前的利益，所谓的为工作、为赚钱、为爱情、为孩子、为别人好统统都是借口。

什么样的成功都敌不过教养的力量，什么样的聪明都抵不过对生活的一点敬畏，什么样的痛苦都比不上伤害了最爱自己的人。如果你不独立，明天就和很多人都无关。

你又发朋友圈，说自己今天又不高兴了。点了赞的是根本没看的，剩下看了的人都在心里一片点赞声。

你了解了人性，就不会再无病呻吟，你了解了生活，就不会再不懂珍惜。你了解了为什么要去赚钱的含义，就会且穷且独立，终有一天改变了自己。

被现实打败又如何？大不了再试一次

[1]

前两天我接到了大D的电话，一开口就是她那标志性的少女心破碎的口头禅：“天哪，我又被现实打败了……”

又被现实打败了！我们被打败了多少次呢？

年轻的我们都稚嫩地以为世界要靠我们去拯救。直到挨了现实的耳光后才发觉，与这个世界相比，你什么都不是！！

刚刚脱离高三的大D，带着满满的好奇心和新鲜感想在自己认为无限美好的大学一展宏图，但雄心勃勃的她却发现，把自己丢进人海里一下子就淹没了，连个翻腾的浪花都没有。

所有人都在努力奔跑，所有人都在努力发光。

你的小小傲娇和自以为是，就像一粒路边随处可见的石子，任何人都能踩过去。

大D是个典型的浪漫主义者兼“女汉子”自由切换的双重人格，她脑中的大学就像公主遇到白马王子的情节，绮丽浪漫。

电话里大D说，她以为自己能够交到一起上街撸串儿，迟到帮忙喊到，夜里一起逃课看电影吃火锅斗地主，关系铁到比男朋友还硬的室友。没想到，她与室友们除了基本的礼貌之外，彼此之间竟有一种看得清说不透的生疏；她以为自己可以偶遇一个阳光帅气面面俱到负有责任心的学长，来一场缠绵悱恻至少能在回忆里是浓墨重彩的斑斓恋爱，现实是，的确遇到了“完美情人”般的学长，只是他“暖”了所有人，不止她一个；她以为自己能独当一面霸气侧漏地接下各种职务，不曾想所有人都在拼命发芽，她自己都没有机会见到一丝哪怕漏下的阳光。大D幻想的美好，都在眼前变得无比糟糕。

这就是大学，这就是现实。这就是你不可一世眼中的世界。

我们都曾满心欢喜，却容易被当头一声喝棒打得晕头转向，不愿承认自己的失落，却会看似随意实则无奈地叹一句：天哪！！

我对大D这个“糙汉”说：“不要老想着你想象的世外桃源，踩着脚下的稀泥一步一个坑地走过去，记得保留你尖锐的棱角，因为那是你最好辨识的标记。”

电话那头沉默了三秒钟：“天哪，你能说人话吗！”

我：“往前走就好了，我陪你一起。”

大D：“嗯，那顺带帮我充100块话费吧……”

我：“滚！！”果断挂了电话。没过一秒，收到她发来的一条信息：现在默默发光，以后光芒万丈。一起走，不撞南墙不回头。

里则林说过：“为自己奔跑，像狗一样又何妨。”

我与你可能相隔千万个黑夜白昼，得穿过无数次霓虹路口，浪费着六十几亿分之一的缘分，对你说：和我一起，走到底，直到你不得不放弃。

［2］

当所有人以为我过得风生水起的时候，我只是一个人走了一段又一段艰难的路。

无意在网上看到这样一句话，突然就想起了我的一位小朋友小文。

2016年的高考过后，小文哭了三天。都说上帝是公平的，活跃了那么久的她这次把欠着的泪水一次性地全部偿还了回来。

成绩一向优异的小文，没能去到想去的学校，甚至，连她当初最讨厌的三本都没能迈过去。

导致她发挥失常的一个重要而又大众耳熟能详的原因就是：心态。

高考前，重视她的班主任让她放松心情，望女成凤的父母让她不要过度在意，所有人都让她深呼吸，平复紧张的心跳，来迎接六月这个庞然大物。

可是她还是很紧张，知道自己还没准备好，就被人一把客套地推搡着上了那座百万大军的独木桥。还没有开始就已经知道了结局。

即使老师甚至表现出无谓的笑，对她说，不就是个考试吗，有什么的啊，别把自己的身体搞坏了。

即使父母装作不以为然地说，别紧张，考不上大学有啥的啊，我们还养不起你。

即使共同努力的朋友为了让她心安说，你比我们都强，放松，你考不上，别人都考不上。

一切的假装冷静都在考试那一天彻底坍塌，小文说，那两天的考试，感觉灵魂已抽离了肉体，大脑一片空白，周围的景象像播放着无声的慢镜头，曾经熟练的公式、高分格式就如同经历了一场车祸，处在一个失忆的边缘。看着黑白的字符那么熟悉，她却怎么也想不起来。

现在那些说不在意的人，成绩出来之后都在意得要死，那些假装无所谓的人，知道情况后都会在心里默默诽腹，那些让你安心的人都会在下一刻默契远离。

你是否有过这种高低起伏的心酸难过，其他人的态度转变可能会让你的心隐隐作痛，但真正让你难过的不是他们这种人前人后的假装，而是你看透父母小心翼翼掩藏的那种失落。

我们都心知肚明地在爱的人面前装傻，一起演戏，一起把自己的表情隐藏在夸张的妆容后，再认真地用奥斯卡的演技说，没事儿，我真的不难过。

受挫后的小文每天定时跑步，按常吃饭，打打闹闹，用音乐堵塞自己的耳朵不去听那些流言蜚语，用满不在乎的语调宣告自己一直就很好，不需别人关照。

可是，有一天的夜里，我接到了一个电话，冗长的三分钟里没有一句言语，只有断断续续的抽噎哭泣。我静静地听着，直到对方哭到没有力气挂掉电话。

对，就是小文。

不是你说你很好就真的很好，不是你逞强着说不用关照就不需要关照。再骄傲的女王首先也是个女孩子，在表演那些华丽的情节跌宕首先也是在最纯真的白本上。

很高兴，你能重新拥抱自己。和自己说一声对不起，再牵着过去的自己，重新来过。

最后小文决定复读。

我说：做你想做的，就够了。

借用托马斯哈代的一句话：凡是有鸟歌唱的地方，也都有毒舌嘶嘶地叫。

以前站在回忆的路口，那么现在就披荆斩棘地往前走。

[3]

“人只要幸福，不管多辛苦，现在的领悟有谁真的在乎，是太过纨绔还是我真的不服。”

耳机里播放着这首赵泳鑫的《纨绔》，声音舒缓平淡，却有直击心灵的冲击力，没有高超的歌技，却勾起我内心淡淡的恻隐。

“说的不孤独，是不想暴露，哪怕是错误，又怎么肯认输，不是我嫉妒，可难免有企图，哪怕，不清不楚。”

有多少人，活得像这句歌词的描述。忙忙碌碌向前奔波，走进人海茫茫，又消失在茫茫人海。在对的时间遇不到对的人，在正值年华的时候浪费青春，在该独处的时候扎堆热闹，在一个人该走的时候迟迟留情。

“谁不是从一个心地善良的孩子被现实折磨成一个心机深重的疯子。”这句话看似犀利，实则在某种程度上代表着成长的意义。

欧亨利把人生比作一个含泪的微笑。

因为当有一天你真正成长了，难过的时候会笑，高兴的时候反而会哭。

真正的随遇而安不是两手一摊的无所作为，而是拼尽全力之后的坦然相对。

现在觉得苏辛在《未来不迎，过往不恋》中有一句很贴切的话：让你最舒服的姿态，就是这世界最喜欢的姿态。

我现在还是不够聪明，学不会讨好，不知道梦想的捷径，只知道执着的坚守。

受伤了就哭，痊愈了就笑，带着稚嫩走，从未回过头。

即使身边狂风暴雨，泥沼遍地，我不曾停下脚步，即使耳边喧嚣无比，人声鼎沸，我从未放弃过执着。

那些陪伴过我又走开的人。

用书中的一句话来向你们道别：很开心你能来，不遗憾你走开。

风雨前程中，我们都在笨拙而努力地奔跑。

努力到让自己刮目相看

[换了份工作才发现之前的工作是多清闲]

凌飞三个月前换了一份工作，他在上一家公司待了一年了，每天都过得很清闲，工作量少，薪资也不高，口头上和领导说一声就可以请假了，工作上没什么激情也没什么动力。总之，他这一年过得很安逸。

都说由俭入奢易，由奢入俭难，工作也是如此，从一份安逸的工作跳到一份强度大一点的都会不习惯，甚至害怕。

凌飞也是如此，他想要换一份有发展空间的工作，却舍不得现在的轻松。直到半年前，他参加同学聚会，发现自己的同学都很优秀，他们都很喜欢自己的工作、很有干劲。

聚会后，他心里越发不安，觉得再这么安逸下去，一辈子就要毁了。于是他开始努力，给自己充电，不久后他通过努力来到了现在的这个公司。

现在这个公司的规章制度都很完善，在一起工作的同事都很有上进心，员工之间公平竞争，而且只要有能力，就可以拿高工资，向上发展。

现在他每天下班后还会参加一些线上课程，为的就是提高自己的专业能力。

凌飞说："和频率相同的同事们在一起工作真是太有意思了，以前到下午两三点就开始期待着下班，数着时间过日子。现在一忙起来，时间就到六七点了，日子过得充实，来到了现在的这个公司才知道以前的自己活得有多安逸。”

工作，不多给自己一点强度就不知道原来自己也可以变得优秀。

[瘦下来才发现以前的自己胖的有多丑]

米姑娘的朋友圈一年都未曾更新过，昨晚上在朋友圈发了一张照片，朋友圈瞬间炸开了锅，大家纷纷点赞，还有些人表示不相信，询问照片上的女生是否是她本人。

米姑娘发的是一张她瘦下来的照片，只有100斤，照片上的她妆容精致，恰到好处，女生看了都觉得美，更何况男生呢。

你再去看一下一年前米姑娘的照片，和现在完全不像同一个人。

米姑娘一米六八的身高，可一年前的她却有着150斤的体重，所以即使她有着一双大长腿，但在横向发展的身体里一点都不突出。

我是亲眼见证了米姑娘这一年一点一滴的变化，故事要从一年前说起，那一天我和米姑娘去商场买衣服，她看中了一件连衣裙，虽然服务员说没有适合她的尺寸，但她还是挑了最大尺寸的那件去试衣间试了一下，无奈裙子后面的拉链就是拉不上，她依依不舍地放下那件衣服，我们刚走出那家店，背后的服务员说了一句：“那么胖，能穿上才怪。”

声音虽然很小，但我们都听到了，我生气地想要回去和服务员辩论，米姑娘拉住了我的手：“没事，我们走吧。”

意料之中，米姑娘没有了逛街的心情，虽然她笑着说没关系，但我还是看到了她内心里的悲伤，为了逗她开心，我提议去吃冰淇淋。

米姑娘认真地说：“要是以前，我肯定会和你去，但现在，我不能这么放纵我的胃了，我要减肥。”

原以为米姑娘是和以前一样，只是说说而已。

没想到她这次来真的了。

她办了张健身房的卡，每天晚上雷打不动地跑上五千米。

她与以前一样正常三餐，但中餐和晚餐都开始减量，她再也不会半夜拉着我去吃夜宵了。

米姑娘说：“管住嘴，迈开腿，真的会变瘦，不信你试试。”

自从她健身以来，她慢慢地也学会化淡妆，再也不会穿着人字拖、披头散发地出门去楼下的超市了。

当她发了那条朋友圈后，我也给她发了一条消息：“现在的你真的变得越来越好了，就像脱胎换骨了一番，为你开心。”

米姑娘回了我一大段：“现在的我都不忍看以前的照片，以前的自己胖嘟嘟的，那时候天真的还觉得自己萌萌的，挺可爱。如今发现，不对自己狠一点，怎么会知道原来自己可以变得这么美，坚持健身，让我也享受了被人羡慕的身材，活得也越来越精致了，现在的自己真的想要努力生活。”

不打扮一下自己，都不知道以前的自己怎么那么丑；不瘦下来，都不知道原来自己也可以拥有纤纤细腰。

[不多看一点书就不知道原来的自己有多无知]

小冉是我朋友中特别爱看书的一位姑娘，每个周末，我们都会约上半天，一起看书，交流读后感。

现在的她过着自己想要的生活，下班后，她先是去菜市场买菜，接着回去做饭。

吃完饭后，就开始看书、写字，到现在，她已经坚持半年多了。

然而半年以前，她下班后的生活还是另一番景象，那时的她，下班后只会点外卖、看肥皂剧。

上周末的时候我问她，这半年坚持下来的感受。

她说："开始给自己做饭后，才发现以前吃的外卖有多不爱惜自己的身体。也是在坚持看书后，才发现以前的自己有多无知、多浪费时间。"

是的啊，以前的她吃完晚饭后，就开始看电视剧，从八点看到十一二点，周末的话，更是睡到中午十一二点，然后出去吃个午饭，接下来又是看电视剧，如此循环，过着"规律"的生活。

可你看，开始看书之后的她变得多优秀啊。

人啊，不努力一下，真的不知道以前的自己有多差。

生活亦是如此，遇到一个对的人才知道以前谈的恋爱有多糟糕，变得优秀了才知道以前的自己有多烂。

如果你想要让以后的你觉得现在的自己并不差，那就从现在开始努力拼命一下吧，说不定就对自己刮目相看了。

第三辑

跳出你的舒适区，往前跑

不要责备命运赐予你的太少、生活对你过于吝啬，每个人都有挣扎与努力，都有困惑与宿命。总有人比你强，比你弱，比你幸运，比你不幸，这就叫生活。若想成为理想中的你，那就狠狠心，别让自己过得太“舒服”了。

谁的成功不曾满载辛苦奋斗的历程

莎士比亚曾说过：千万人的失败，都失败在做事不彻底上。

很多人往往做到离成功还差一步时便终止不做了。其实，只要我们还能坚持一小会儿，便会看到成功的曙光；如果我们不轻言放弃，一直坚持到底，那么成功的大门就会向我们敞开。

希拉斯·菲尔德先生退休的时候已经积攒了一大笔钱，然而他突发奇想，想在大西洋的海底铺设一条连接欧洲和美国的电缆。

随后，他就开始全身心地推动这项事业。前期基础性的工作包括建造一条约16097千米长、从纽约到纽芬兰圣约翰的电报线路。纽芬兰643千米长的电报线路要从人迹罕至的森林中穿过，所以，要完成这项工作不仅包括建一条电报线路，还包括建同样长的一条公路。此外，还包括穿越布雷顿角全岛共约千米708长的线路，再加上铺设跨越圣劳伦斯海峡的电缆，整个工程十分浩大。

菲尔德使尽浑身解数，总算从英国政府那里得到了资助。然而，他的方案在议会上遭到了强烈的反对，在上院仅以一票的优势获得多数通过。随后，菲尔德的铺设工作还是开始了。电缆一头搁在停泊于塞巴斯托波尔港的英国旗舰“阿伽门农”号上，另一头放在美国海军新造的豪华护卫舰“尼亚加拉”号上，不过，电缆铺设到8千米的时候却突然被卷到了机器里面，被弄断了。

菲尔德不甘心，进行了第二次试验。这次电缆试验中，在铺到321千米长的时候电流突然中断了，船上的人们在甲板上焦急地踱来踱去。就在菲尔德先生即将命令割断电缆放弃这次试验时，电流突然又神奇地出现，一如它神奇地消失一样。夜间，轮船以每小时约6.5千米的速度缓缓航行，电缆的铺设也以每小时4英里（约6.44千米）的速度进行。这时，轮船突然发生了一次严重倾斜，制动器紧急制动，不巧又割断了电缆。

但菲尔德并不是一个轻易放弃的人。他又订购了1127千米的电缆，同时又聘请了一个专家，请他设计一台更好的机器，以完成这么长的铺设任务。后来，英美两国的科学家联手把机器赶制出来。

最终，两艘军舰在大西洋上会合了，电缆也接上了头：随后，两艘船继续航行，一艘驶向爱尔兰，另一艘驶向纽芬兰。两船分开不到3英里（约4.8千米），电缆又断开了；再次接上后，两船继续航行，到了相隔8英里（约12.88千米）的时候，电流又没有了。电缆第三次接上后，铺了200英里（约322千米），在距离“阿伽门农”号20英尺（约61米）处又断开了，两艘船最后不得不返回到爱尔兰海岸。

这时参与此事的很多人都泄了气，公众舆论对此也流露出怀疑的态度，投资者也对这一项目没有了信心，不愿再投资。

如果不是菲尔德先生，如果不是他百折不挠的精神，不是他天才的说服力，这一项目很可能就此放弃了。菲尔德继续为此日夜操劳，甚至到了废寝忘食的地步，他绝不甘心失败。

于是，第三次尝试又开始了，这次总算一切顺利，全部电缆铺设完毕而且没有任何中断，几条消息也通过这条漫长的海底电缆发送了出去，一切似乎就要大功告成了，但突然电流又中断了。

这时候，除了菲尔德和他的一两个朋友外，几乎没有人不感到绝望。但菲尔德仍然坚持不懈地努力，他最终又找到了投资人，开始了新的尝试。

他们买来了质量更好的电缆，这次执行铺设任务的是“大东方”号，它缓缓驶向大洋，一路把电缆铺设下去，一切都很顺利，但最后铺设横跨纽芬兰962千米电缆线路时，电缆突然又折断了，掉入了海底。他们打捞了几次，但都没有成功。于是，这项工作就耽搁了下来，而且一搁就是一年。

所有这一切困难都没有吓倒菲尔德。他又组建了一个新的公司，继续从事这项工作，而且制造出了一种性能远优于普通电缆的新型电缆。

1866年7月13日，新的试验又开始了，并顺利接通，发出了第一份横跨大西洋的电报。电报内容是："7月27日。我们晚上9点到达目的地，一切顺利。感谢上帝！电缆都铺好了，运行完全正常。希拉斯·菲尔德。"

不久以后，原先那条落入海底的电缆被打捞上来了，重新接上，一直连到纽芬兰。现在，这两条电缆线路仍然在使用，而且再用几个10年也不成问题。

菲尔德的成功证明：只要持之以恒，不轻言放弃，就会有意想不到的收获。然而，许多人做事常半途而废。他们不知道，其实，只要自己再多花一点力量，再坚持一段时间，那些下大功夫争取的东西就会得到。可惜的是，当目标就要达到时，许多人却一下子放弃了。

英国诗人威廉古柏曾语重心长地说："即使是黑暗的日子，能挨到天明，也会重见曙光。"

这是事实，最后的努力奋斗，往往是胜利的一击。

1941年秋天，第二次世界大战期间，英国正陷入苦战。首相丘吉尔受到来自内阁的压力，要他和希特勒妥协，寻求和平之可能。

丘吉尔拒绝了，他说事情会有变化，美国会加入大战，局势将会被打破。对他的主张坚决，有人曾问他何以如此肯定，他回答说："因为我研读历史，历史告诉我们，只要你撑得够久，事情总是会有转机的。"

1941年12月7日，日本偷袭珍珠港，距离丘吉尔的那番谈话不过几个星期。希特勒知道这个消息，立刻向美国宣战，一夕之间情势逆转，美国的全部兵力都涌向英国这边来。日本片面的军事行动牵动了世界局势，使得丘吉尔得以拯救英国，使之免于受到纳粹德军的摧残。

坚持到底，这就是“毅力”。在这个世界上，没有任何事物能够取代毅力。

能力无法取代毅力，这个世界上最常见到的莫过于有能力的失败者，天才也无法取代毅力，失败的天才更是司空见惯。拥有毅力再加上决心，就能无往不胜。

肯德基炸鸡速食店创始人桑德斯上校就是典型的例子。原本他在一条旧公路旁有一家餐厅，后来新公路辟建之后，车子不经过这里，他只好把餐馆关了。这时他已经60岁了。

他认为他唯一的财产——做炸鸡的秘方一定会有人要。于是，他开始去拜访那些他认为会愿意投资在这张配方的人。他问了一个、两个……几百个，都没有人要，但他还是认为“一定有人要”，并且不断地研究对方不接受的原因。就这样，经过1009次的尝试，终于有人愿意投资。他成功地创立了世界著名的速食公司，而且在大家认为没有希望的年龄才开始了他的新事业。

坚持并不一定是指永远坚持做同一件事，它的真正意思是：你应该对你目前正在从事的工作集中精神全力以赴，你应该做得比自己以为能做得更多一点、更好一点，你应该多拜访几个人，多走几里路，多练习几次，每天早晨早起一点，随时研究如何改进你目前的工作和处境。

每一个成功人物的背后都满载着辛苦奋斗的历程。

著名钢琴演奏家贝多芬在一次精彩绝伦的演奏结束后，身旁围绕着赞美他音乐奇才的人。一个女乐迷冲上前呼喊道：“哦！先生，如果上帝赐给我如你一般的天赋，那该有多好！”

贝多芬答道：“不是天赋，女士，也不是奇迹。只要你每天坚持练习8小时钢琴，连续40年，你也可以做得像我一样好。”

不是别人比你更幸运，而是别人比你更努力

小李和他老婆早早就从同学聚会上出来了。

走在路上，他老婆感叹道：唉！为什么都是同龄的，都是同一个老师教出来的，他们却都一个个比你有钱？

小李叹了口气：唉，人家命好。

他老婆看了他一眼，沉默了。

这样的抱怨，时有耳闻。

为什么别人比我有钱？

我也认真想过这个问题。然后我环顾身边的朋友，挑了几个我认为“有钱”的出来看看。

抛开家庭环境不说。利用关系，掌握稀缺资源发家的不说。北大清华毕业直接拿到高薪工作的不说。

我要说的是，他们都是从普通人开始，靠自己，慢慢过上了不为钱发愁的生活的。

把他们放到一起来看，才发现真是各不相同呢！

朋友A，一个广告公司的文案，后来成了总监，现在年薪在百万。那时候，我们是广告公司的同事。他只是公司几个文案中的一个，我们都是正常的工作时间，到点就下班，但他经常会加班到凌晨四点。有一年的春节，他没有休息一天。为什么我们都很闲，而他很忙？是因为他有强烈的成功欲望，他内

心非常希望客户对他满意。有时候去提案，客户提了否定意见，甚至已经回绝了我们。我们最多叹息一声就下班了。但他不，他回到办公室，继续想，继续做。第二天打电话继续约客户谈，争取到第二次提案的机会。他的执行力超强，“从来不拖”是他职场晋升的最大秘密。

很快，他就升职了。

然后很快，他就被挖走了。

朋友B，没啥文化，从家乡来到北京后，就在中关村做销售。手机、台式机、相机、笔记本电脑，什么都卖。嘴快，腿勤，整天跑上跑下，每天抽三包烟，天天酒局。手机每天都要充两次电才够打。

现在的中关村已经衰落了，但他已经在北京买了三套房子，自己开了一家公司，做的是“集团客户”。他说他很怀念在海龙大厦跑上跑下的日子，“就像浑身打了鸡血一样，从来不知道累。我心里充满了信心，我知道现在跑的路越多，将来的生活就会越好”。

他时常向我回忆脑海中一幅永远忘记不了的画面，十年前的他无数次经过中关村贴满小广告的天桥，脚下车流如河，远方夕阳如血，那画面是他寂寞和艰辛的见证。

朋友C，40多岁了，还和20出头的年轻人一样，想法多多，敢想敢做，能坚持。

2007年，他说想开一个咖啡馆，我们就合伙在北京开了一家。咖啡馆利润薄，还要花时间守着，两年后我选择了退出，他继续在武汉开。

他一直说，开咖啡馆是一种生活，想赚大钱就不要做。开咖啡馆要守得住那一份淡然寂寞的生活，要慢慢培养喜欢它的客人，急不得。

就这样，一点不着急的，他在武汉的店慢慢开到了九家。曾经听他说过，想写一本关于咖啡馆的书，我以为他就是随口那么一说。去年，他给我传来了一份书稿，写得很认真，我帮他介绍了我的出版人。让人没想到的是，这本关于咖啡馆的书，竟然上了卓越网排行榜。

他说过想开一家咖啡学校，现在学校也开起来了。

将来他要再说想干点啥，我们都相信他可以做到。

朋友D，一个著名英语学校的英语老师，没完没了地培训，在课堂上演讲、唱歌、跳舞、逗学生开心。那是令他厌烦的工作，但是他努力让自己喜欢上。他不像别的老师，一个故事讲上个100遍，他会不停地更换故事，让学生觉得有趣，让自己也觉得有趣。

他说过的最让我难忘的话就是：什么工作做久了都很枯燥，但你要想办法让自己从中找到新鲜感和乐子。这样才能坚持下去。

一无所有的年轻人，最终找到了一条路，基本上都有一个人指点和帮助过他。哪怕他得到的只是一句话。

朋友E，是这样结交到贵人的。

他刚来北京的时候，在一家湖南餐厅当服务员。有一天，来了一桌客人，坐主位上的那个人说着他的家乡话，他就问了一句，那个人一下来了精神，原来他们来自同一个县。

这个人，是北京最大的家居建材城的老板，经常来这家餐厅请客吃饭，每一次来，都会主动问到他，他就过去交谈几句。

有一年过年，他从家里带来了一点妈妈做的猪血丸子，他给老总打电话，亲自给他送过去。

就在那天，老总接下了猪血丸子，同时问他："小张啊，有没有兴趣到我公司来上班？"

小张去了老总的公司，整天跑前跑后，什么都做，有时候甚至帮老总接送孩子。

然后有一天，老总又问他，愿不愿意去盯建材城画册设计印刷的活儿。

他说愿意。然后开始学习印刷知识，在公司和印刷厂之间跑了无数个来回。

那些年，印刷是暴利，每年建材城都要付给印刷厂很多的钱。印刷厂的老板曾经将大笔的现金回扣递到他的面前，都被他拒绝了。有一天，老总说，与其每年砸那么多钱给印刷厂，还不如我们自己开一个呢。

于是，他当上了一个小印刷厂的老板。后来印刷厂越做越大。他的面包车换成了大奔。一次次的机会，老总为什么不给别人，只给他？可能连小张自己都不太明白，是怎么打通这个人脉的。

朋友F，一个出版人。一个月要出很多次差去见作者。公司为了省钱，给她订的都是很早的航班。她的微博状态永远是在机场用早餐，配以各个机场日出景色的照片。她有很强的专业能力，在谈作者的时候，不但把销售前景、稿费条件讲得很清楚，有时候甚至会把将来这本书用到的纸张品种和克数告诉对方。

她的成功靠的是积累。

刚开始，她只是一个小编辑，大学毕业，进了出版公司，除了能认错别字，其他什么都不懂，连算印张都不会，后来她眼勤手快，跟着前辈学，不懂就问，慢慢积累了很多行业知识。她努力让自己更加扎实，别人看一部稿子两三天就看完了，她一般要多出一两天。出去见作者，她有时候会带上封面设计师，让他们见见面，好让设计师更能理解作品。她总比别人要付出多那么一点。很快，她有了第一个成功案例，开始受到老板重视，工资也慢慢涨了起来。现在，每年，她策划的作品都有好几本在排行榜上，绩效提成自然少不了。

我最佩服她的，就是只要是她想联系上的作者，她就一定敢打电话四处打听，拿到联系方式。再大牌的作者，她都能不卑不亢地和对方交谈。因为所有的作者，都渴望能遇到一个好编辑，而她相信，自己就是那个好的。

每个人，都在奋斗。

奋斗的过程，是很难熬的，但是，前景是光明的。

累在前面，会活得越来越轻松。

我很高兴生命中能认识这些有眼光、有胆识、勇往直前的朋友。他们的性格都很踏实沉稳，做人大方，知恩图报，有眼力，他们从不急于求成。

他们坚信奋斗能够改变人生，成功一定有方法。

他们都是聪明人，很容易一接触到新鲜事物，就清楚那个行业圈子的门门道道。遇到贵人或者老板的时候，从不点头哈腰，把自己当成一个马仔，而是直起腰杆做人，让人看到自己内在的，让对方知道自己是值得提携的。贵人也是人，他也有他的奋斗往事和现实苦恼，可能也曾受人提携。多数贵人，是愿意帮助年轻人的。

如果父母不是有钱人，那么就只能靠自己，这是多么简单的一个道理。

那些埋怨别人命更好的人其实不明白，不是别人比你更幸运，而是别人比你更努力。

青春不止，梦想不停，努力不断

清晨的第一缕阳光透过枝叶，穿过小窗，安静地撒在我的脸上，就像母亲那双温暖的手，轻轻地抚摸着我睡意蒙胧的面颊，一种幸福的感觉萦绕在脑海，仿佛闻到了窗外那朵山茶花的芳香。这是青春的味道！一种只属于我们这个季节才会弥漫的花香，清新淡雅，沁人心脾。

可是，青春总是在不经意间悄然逝去，还没等我们迈出追逐的脚步，它已经消失在远处那个未知的角落。静静等待，却什么也没有出现，无奈中我们总是或多或少会去抱怨，殊不知，青春就是这样，对每个人都只会微笑一次。

习惯了低着头在人流涌动的大街上来回穿行，看着一双双形色各异的鞋子，脑海里总是会浮想联翩。会想到自己内心的种种不安，想到曾经走过的漫漫长路，想到很多、很多……抬头看着灰色的天空，雨意蒙蒙，徘徊于快乐与痛苦的边缘，一种莫名的失落总会涌上心头，内心的焦灼让自己看不清远方晃动的人影。

在这个恣意疯长的过程中，我们多少被压得喘不过气来，不仅仅是源于对校园生活的迷茫，也有来自对未来的几分焦虑。试图用逃避来欺骗自己，好让狂躁的内心得到一丝解脱。然而，总是在转身离去的那一刻，残酷的现实总能把自己拉回到原点，无论怎么用力，还是无法挣扎摆脱。

在这样的生活面前，我们无可奈何，想重新开始，可是暖风早已吹响新的旋律，曾经的起点已成为人生的一块标识，无论怎样努力，依旧不能抹去上面的字痕。于是，我们尝试回过头来，开始注视自己脚下的路，不再去幻想路的终点会有奇迹，而是带着几分欣喜地期待自己走到路的尽头时还可以闻到那个熟悉的味道。

青春时节，年华尚好。除了成长给予的惊喜之外，还有梦想给予的人生启示。于是，我们背起青春的行囊，怀揣梦想，朝着心中的那个目标勇敢向前。尽管前方布满荆棘，但是我们渐渐学会坚定信念，即使有泪水悄悄从眼角滑落，我们还是选择擦干眼泪，鼓起勇气，一如既往。梦想就是人生路上的指明灯，在逐梦的途中，我们得到了鼓励与支持，收获了珍惜与包容。就这样，我们一路坚持……

青春的努力能弥补人生的多少空白，青春的激情能扬起多少远征的风帆。前进的路上，我们不断思考，终有感悟——尽管青春的遐想能把枯叶翻译成湖泊，青春的热泪能把沙漠滋润成绿洲，从任何角度看，青春都是最美的。可是，青春不能永恒，时间给它涂上油彩，它就成了别人。虚掷青春，悔恨就会跟野草一样茂盛。青春一去，休想她再次回眸。

就这样，我们开始学会让梦想温暖我们青春的生命，让梦想成为我们生命和灵魂栖息的小床。不经意间，梦想让我们的青春在清风中映照出别样的不凡，如幽兰一般悄然升华。青春所负载的心胸，因梦想而变得宽如大海；青春的视野，因梦想而泊满天蓝云白水清；前行路上的千沟万壑也因梦想而变得如履平地。

我们开始不再踟蹰徘徊，因为我们逐渐懂得——无须感慨青春的流逝，无须留恋生命表面的虚妄，无须埋怨生命暂时的贫瘠，更不用去做一些不着边际、不劳而获的幻想。因为，我们正值青春，所有的美好，都根植在我们对梦想的追求之上，梦想让我们的青春得到永恒。

青春的羽翼刻满了忧伤的过往，透明的火光燃烧了整个身体搜寻着幸福的身影，时间的手也将无法割舍的记忆加上了以往的前缀。时至今日，这才发现，梦想的灵魂早已融入青春的肉体，就像一位折翼的天使，在青春的城堡里漫然起舞。时光如梭，生命并非永远饱满；四季轮回，青春也不会就此止步。唯有将向往飞翔的青春，插上梦想的翅膀，山茶花的芬芳才能在茫茫天际随处飘荡。

人生，因青春而美丽；青春，因梦想而绚烂；梦想，因努力而闪耀。

没有意义的生活才让人疲于应对

我们经常会听到人们说“太忙了，我好累”，但那些真正忙碌的人，却从来不叫苦不喊累。忙不是疲惫的根源，不知道为什么做一件事、氏没有意义的生活才让人疲于应对。

[1]

“忙着呢！”“忙疯了”如果你问别人最近怎么样，多半会听到这样的答案。但是这里的忙其实分为两种情况，一种是“真忙”，一种是“假忙”。

你能注意到，也许前者的确每天马不停蹄地为一个目标忙碌，比如为一个项目通宵完善方案，奔波于各个投资方、合作方之中，几乎没有喘息和休息的时间，这种忙碌非但没有破坏他们的创造力，反而令人欢欣鼓舞精力十足。

后者呢，那个告诉你自己有多忙的人，他们可能既没有在近40度的高温下作业，也没有通宵达旦在值班，他们的生活既不耗费体力也不动用太多脑力，充斥的更多是各种无意义、无目的的琐事，他们感受到的其实不是“忙碌”而是“疲惫”。

忙跟疲惫是不能画等号的。

你觉得精疲力尽，疲于奔命，不是因为忙，更多的可能是自己的心态出了问题，或者眼下的生活非你所愿。

最近我就处于忙碌但很精神的状态。前段时间，我白天要赶企业内刊，在办公室连喝水上厕所都会忘记，晚上还要复习4门课程准备开学考试，睡前还要搞定第二天微信公众号的发布内容，再拿出一个小时读经，每天睡眠时间不足6个小时。这对于一向嗜睡的我是不可想象的。”你怎么能每天都这么有精气神？”早上8点的办公室，同事这样问我。因为我做的事情都是我想做并且喜欢做的，日子因此充实又快乐。

[2]

之前有一个新闻，一位美国男性在20多岁时就做了一个决定：要在30岁之前攒够一辈子需要的钱，然后不再为了生存而工作。然后他真的这样做了。PeterAdeney今年41岁，却已经过了11年的退休生活。

是不是很令人羡慕？觉得生活就应该是他这个样子？轻松、自在、悠闲？

实际上，PeterAdeney的退休生活并不轻松，可能比他上班时更忙碌。PeterAdeney一家人每3个月在全球范围内旅行一次，还要运动、做手工、种植花草、房屋装修、写博客，培养各种各样的爱好。他还开办了一个叫作MMM(Mr.MoneyMustache)的网站，宣传自己的生活方式。

更别提，为了30岁退休，PeterAdeney30岁以前的首要任务是存够钱。在他很小的时候，就去割草，半英亩能获得5美元。长大后他作为软件工程师工作，写代码赚钱。对Peter来说，退休前的忙碌是为了拥有更多选择权，退休后的忙碌是为了享受“自我控制的忙碌”的乐趣。

“我还在工作（work），只是不再拥有赖以谋生的职业（job）。”他说，退休不意味着每天待在家里无所事事，不意味着不再有任何收入，而是换了一种忙碌的方式而已。

所以啊，你的疲惫，从来与忙碌无关。如果你不能用一种热情、主动和有意义的方式对待生活，即使你什么都不做，依然会觉得疲惫。

[3]

现代社会，随着生活节奏越来越快，每个人都蒙着头地往前跑，忙碌和疲惫这两种生活状态也越来越难以区分。如果你仔细辨别，你会发现，无论忙碌与否，你都可能感到疲惫。

医学心理学专家提醒到，疲惫是一种亚健康的状态，突出的症状有乏力、嗜睡，对工作、学习甚至任何事情都不感兴趣或感到厌倦。进一步来说，就是我们没有打理好自己的生活和心灵，让它产生被动应付的疲惫感。

1. 没有解决“为什么”的问题，即没有目标，不知道做一件事的目的和意义。这时你做的每一件事都是一种自我消耗。做得越多，越累；越空虚，越疲惫。我们必须问问自己“这件事是为了什么”。就像小时候看着父辈在土地里劳作一天，回来还有一堆事要处理，累不累？忙不忙？当然。但是，他们并不觉得疲惫，为什么？他们做的这些就是为了丰收，为了生存，为了一个家庭更好的生活。这个“为什么”可以解决很多问题，帮助我们渡过很多难关，忍受很多不如意，变得更加笃定和愿意付出。

2. 没有解决“我”的问题，即没有照顾到自己的需求，虽然有目标，但是是以一种不人道的方式。人的大脑是好逸恶劳的，超过它的承受值或者恢复能力时，就会适得其反。比如一个人工作经常性加班、熬夜，以身体耗费为代价，久而久之也会影响到心理状态。如果可能，让自己保持健康的生活方式，满足自己的心理需求，对自己好一点，你面对不被期待的生活的能力就更强一点。

3. 没有解决“不”的问题，即充斥大量跟目标无关的琐事，不懂得拒绝。任务的多样性有时能带来趣味性，有时则带来不必要的负荷。尤其跟目标无关的琐事太多，会让人产生烦躁、焦虑，当我们不懂得过滤，就相当于一个垃圾场。

有时，我们会花费大量的时间看似专注于一件事上，可能只是为了抵御内心的空虚和不安，或者随波逐流将时间倾注于此。实际上，当我们认真记录或梳理下自己时时刻刻的行动和思绪，会发现我们只是看上去很努力，时间却花费在诸如聊天、发呆、心理建设、刷网页等无谓的事情上了。“压死骆驼的可能只是一根稻草”，学会断舍离，把精力和时间忙碌在更有价值和紧要的事情上。

4. 还有一种，就是无所事事同样让人疲惫。很多人可能都有过这样的体验：当我全神贯注于一件事上时，时间过得特别快，反而很闲的时候觉得很难熬，甚至身心俱疲。为什么会那么累？其实，问题就出在“无所事事”上了。我想起2年前刚回南阳时，曾有过一段无所事事的日子，我空守着大片大片的时间，却无从下手。我不仅不觉得高兴，反而感到死气沉沉、度日如年。我不忙，但是我很累，那是一种对生活失去热情和希望的疲惫感。

心理学家罗伯特·凯根说过：人生作为一种活动本身，就是创造意义的活动。建构意义感这件事不仅是我们的生物本能，甚至可以等同于生命活动的全部。所以，当我们体会不到自己的价值，得不到存在感，只是无所事事时，就会感到沮丧和灰心，以及隐秘的挫败感。

有时觉得“人就是天生劳碌命”，多多少少，我们总得找点事儿做。我们需要选择的是，充实、热情和带有兴奋感的忙碌，而不是空虚、疲惫和情绪低落的无所事事。

[4]

我们经常会听到人们说“太忙了，我好累”，但我们看到更多的是那些真正忙碌的人，却从来不叫苦不喊累。

比如你身边创业的小伙伴，她可能忙得很久没有聚会逛街了；

比如你经常见不到面的领导老板，他可能忙得已经几个月没有回过家跟妻儿温存；

比如你事务繁忙的某个同学，他\她可能忙得都几天没有跟你打过照面了……

他们就像平凡世界里身披盔甲的战士，为了某个目标，拼尽全力突围而出，感受到的却是自我压榨后的极致愉悦。

他们的忙碌不是漫无目的，不是搪塞和对生活的敷衍，而是带着巨大的能量和某种宿命般的创造快感，以及一种精致的秩序和生命力。

回头看看，你做的事对你而言重要吗？真正有意义的忙碌是一种自由自在状态下的有序安排，至少是某种目标驱动下地自我实现，而不是歇斯底里般地虚假狂欢。如果忙碌让你疲惫，一定是你的生活中充斥了太多的“垃圾”，人生苦短，我们应该把时间花在值得的人和事物上，让生命丰盈而充实。

既然选择了远方，便只顾风雨兼程

[1]

读大二的时候，我生平第一次北上，去郑州游玩。

在郑州闲逛了一天后，朋友D提议去爬嵩山。

一开始我是拒绝的，所有旅游项目中最不讨我喜欢的便是爬山，因为我不是常运动的人。但是后来一想，都到河南地界了，如若不去中岳嵩山看看，也觉着是枉来了一般，便改口答应。

D嘱咐我，翌日六点起来，七点就出发。

我有些纳闷，为什么要那么早。毕竟从郑州到嵩山脚下差不多90千米，乘巴士，走高速的话，无论如何也能在两个小时之内到达，没有必要非得摧毁清晨与被子缠绵的美好时光。

D狡黠一笑，“谁跟你说乘巴士过去啊？我已经为你借了一辆单车，赶明儿我们俩还有我几个同学一起骑过去。”

我顿时傻眼，犹记得近二十年来，我骑过最长的一次自行车，也不过是在初二的时候从家里骑到县城，十多公里，骑了一个小时，如此想想，近九十公里的路程那不得整天都在路上啊。

我立马说，我肯定骑不到。

“我们又不是比赛，不需要骑很快，一天的时间应该也差不多了。”

“你给我两天时间也没用，我会死在路上。”

“你又没试过，怎么知道自己一定不行？好了，不争了，你要是死在了路上，我替你收尸。明天七点见啊，一群朋友等着你呢。”

我发誓，那是我一辈子骑过的最长的一次单车。早上七点从郑州市区出发，直到傍晚五点才到嵩山脚下，期间，只是在中饭之时稍稍歇了一下脚。

薄暮逼近，我将单车停在金色的夕阳里，面对着那绵延的群山，说实在的，当时的我并没有征服了这近90千米的荣耀，我只是累，非常累，但我也很欣慰，我并没有用去两天时间，也没有死在路上。我花了一天的时间，来证明了自己并没开始自我想象的那么弱小，那么不行。

现在回想起来，疲累已经不是记忆的主旋律，路上所经历的一切才是。我们大部分的时间穿梭在郊区和农村，没有我以为的处处长坡陡岭，相反，地势还较为平坦。我们穿过葱郁的小树林，越过水位不超过20厘米的小溪，在村道边看肆意盛开的野花，说不上很美，但是丛丛簇簇，也别有一番味道。经过一个村子时，被两条中华田园犬执拗地追赶也是记忆中不可磨灭的一部分。

让我记忆最深的是一段长长的省道（路名就不说了），并不是因为景色太美，实在是那条路上运煤的货车太多，车子飞驰而过，迎面而来的就是一阵“黑雾”，遮天盖地。可以想见，我们一行七人骑出那段公路后，个个都是包大人上身的样子。

有些事，没有试过，我们就不要给自己平白无故地画一条停止线，故步自封。行还是不行，不在于事前我们说得多么绝对，而是当你的双足踏在前进的路上时，你才能从中去感受去体会。

一路上不见得都是美好的风景，或许也有遮天盖日的“煤粉”飞扬在路上，但是，经历过，你就多了一种体验，不管是好的景致还是坏的景致，都会不偏不倚地谱成你多姿多彩的人生。

[2]

不怕上路之后，由于艰难险阻而到不了终点，只怕还没努力鼓起风帆，搏击海浪，就早早撤下桅杆，极目远眺遥远的彼岸，然后兀自摇头嗟叹。

朋友N是个身材比较丰满的女生，经常在朋友圈里发图抱怨自己太胖。可抱怨归抱怨，却不是个行动派，一年多下来，未见到她瘦下来过，反而有愈长愈胖的趋势。

有一次，跟她一起吃自助餐，她的食量令人发指。

我问她，“你不是要减肥吗？”

她摇了摇头说：“试过了，那些减肥方法都不靠谱，看来我这辈子是没有瘦下来的命了。”

“你真的有很努力地减过肥？”

她想了想，放掉手中的鸡腿问，“什么叫努力？”

是啊，什么叫努力呢？我想应该是，明明知道前面有千难万险，你也毫不回头地冲向前，即便荆棘会划伤你的皮肤，瘴气会侵蚀你的意志，你也不会旋踵而归，而是一步一步，爬也要爬到终点。

显然，N还远达不到这个境界。

后来通过她的闺蜜才知，她确实有尝试过减肥，只是每次都是浅尝辄止，稍有一点苦累，便偃旗息鼓。如果她每天拿出刷朋友圈十分之一的时间用来努力减肥，我想，现在的N也断然不会认命了吧。

我并不想说只要努力就一定能成功，人的意志也不能全部决定人一生的际遇。但是人的潜力真的是超出你的想象，如果不去尝试，狠狠地逼自己一把，你真的很难知道自己有多大能耐。

我记得以前帮朋友写过一篇演讲稿，可他只给了我不到三个小时的时间来完成。我本不是一个写文章很快速的人，加之主题以前也没怎么涉猎过，需要查找各种资料，耗费很多时间，所以压力很大。

但是一想到先前已经答应了朋友，他还在等着我的稿子来熬夜练习，就只得硬着头皮上。写的过程很痛苦，但是完稿之后，我发现文稿的质量并不差，时间也不到三个小时。

要不是把自己逼到了那个份上，我从来就不知道自己也是能在重压之下完美地完成任务的。要不是最后还是决定努力一把，那么我就不可能知道我的人生中根本就没有那么多的不行。

工作中，时常碰到有人说，这个事情我搞不定。可是一旦任务被摊派下来，然后有上级加压，我们就会发现，那些我们以为不可能的事情到最后都在自己的努力之下变成了现实。

那时我们就会知道，并非我们没有这个能力，只是惰性让我们没有想过要拼了命地努力。

[3]

汪国真有一句诗，既然选择了远方，便只顾风雨兼程。

但现实生活中，很多情况是，虽然选择了远方，但我断定自己不行，所以从未出发，或者稍稍遇挫，便折戟沉沙。

努力过后，发现自己能力不足，无法顺利到达彼岸，那还情有可原。但是如果你从未尝试，就说自己不行，或者没有认真地为之拼搏，就断定这是自己的宿命，那绝对是天大的笑话。只要你的目标不是登陆太阳这种有些天方夜谭的事，那么所有美好的远方都值得你为之奋勇向前。

沿途不一定有漂亮的鲜花，也不一定平顺通达，但只有自己走过，才知道那些未知的世界有多精彩，也只有努力向前，才能知道自己要多久才能走到属于自己的海角天涯。

学会与你肩上的负担和平共处

周六坐地铁，旁边的一个女生一直在打电话，整个车厢里都是她哽咽的声音。她说自己孤身一人在异乡漂泊，举目无亲，找工作也屡屡碰壁，觉得这样的人生毫无意义云云。

我到站时看了下表，三十五分钟，她哭诉了整整三十五分钟，直到我到站离去，她仍然在继续。我在想：这女生的运气真够好的，也不知道电话那头是谁，怎么会耐着性子忍受她如此之久的摧残？

在你看来，世界上只有你活得最辛苦，遭遇最惨。等再过几年，你就会发现，其实每个人都会遇到各种各样的困难，靠近一看，每个人都是遍体鳞伤。可是，他们仍旧带着笑容，从容地面对这个世界。那是因为他们的内心已经变得强大，能坦然接受生活的考验。那些考验是前进的另一种形式，可以教会你如何与这个世界和平相处，如何让自己免于受伤。

在公众场合，你毫无顾忌地将伤疤揭开示人，强行让周围的人倾听你的哭诉。先抛开别人对你的看法不说，你不远万里来到这儿，难道就是为了跟家人汇报你怎么受苦的吗？除了受苦就再没有其他收获了吗？当然不是，你是为了过更好的生活、实现心中的梦想才来的。

你在选择离家之前就该想到，外面的世界并不是金砖铺地，你的开始，很可能会是悲惨或者痛苦的；从你准备出来闯荡时，就要做好心理准备，充满竞争的世界是残酷的，你只有去承受，去隐忍，去坚强，才能逼自己适应所有的一切。

是的，你已经不是一个孩子了，要学会面对生活的艰辛。

其实，让我们迷茫或痛苦的并不是事情本身，而是我们的心境。你可以试着换个角度看那些痛苦：你若将它看得很重，它便会时刻纠缠你，压得你喘不过气来；你若将它看得很轻很淡，它就会消失得无影无踪，对你造成不了什么大的影响。

人上了年纪通常就变得唠叨起来，会反反复复提及以往日子里发生的琐事，唠叨得次数越多，记忆就会越深刻，仿佛只有这样，他们才不至于将过往的人和事忘掉。同样的道理，如果你不停地强调漂泊在外的艰难，只会加重你的痛苦。

人只有心境发生改变，看待事物的眼光才会改变。只有转换角度，视野才能真正开阔起来。人生在世，谁没有艰难的时候？你现在吃的苦，别人也吃过；你现在流的眼泪，别人也流过。所以你不必将自己的脆弱展示出来。

初入社会，迷茫是少不了的。现在的你认为这个世界很不公平，认为别人的生活都比你舒适。你独自一人身处陌生的城市，总有一种被抛弃的感觉。尤其是当你看到别人和好友挽着胳膊从你身边经过的时候，你心中充满了嫉妒——他们面带微笑，好像从来都没有烦恼过。当别人津津乐道于工作的乐趣时，你又会投去羡慕的眼光，好像他们从来不为找工作发愁。再看看你要好的大学同学，她虽然远嫁他乡，可过得幸福甜蜜，你又忍不住感叹：真幸运啊，她怎么就嫁了个这么优秀的男人！

其实，他们能过得这般快活，并不是因为他们比你幸运，而是因为早在你之前，他们就经历了你现在所感受到的一切，他们有过艰辛，有过痛苦，只是咬着牙挺了过来，才有了今天的快乐与幸福。

原来，大家都是一样的，都会有这样或那样的苦恼，就像叔本华说过的那样：“一切生命的本质，就是苦恼。”

如果你继续这么颓废下去，试图将所有的辛酸挫折告诉身边的每一个人，那你真要永远孤独下去了。这是一个恶性循环，你越是沉浸在痛苦里自伤自怜，就越是无法找到突破口。

不妨换位思考一下，我们都希望身边的人能分担自己的烦恼，为自己带来快乐，如果你不能给别人带来快乐，至少也别给人家增添烦恼吧。倘若你用心去观察，就不难发现，成熟的人不过是会以一种妥当的方式来处理自己的负面情感，使之不会影响到其他人而已。

在岁月面前，每个人都是弱者；在生活的磨砺下，每个人都有伤疤。每个人都会有痛苦或迷茫，但这痛，是生命赐给我们的礼物，痛过之后，才会更加珍惜快乐与幸福。

感谢那些伤疤，感谢那些坎坷，是它们教会了你如何与这个世界和平相处。但愿所有的负担都变成礼物，所受的苦都能照亮未来的路。

生活总有不顺，你需咬牙坚持

[1]

candy从小学习好，爱读书。她小时候，家里凡是带字的纸张基本上都用来糊墙，candy经常歪着头读完墙上歪七扭八的报纸。地上经常有被撕碎的报纸，candy捡回家一点一点拼接起来，看了一遍又一遍。刚开始，家里人并不支持她读书，觉得女孩子不需要懂得那么多。在继续上学这个问题上，candy哭了三天三夜，终于得到父母的同意，可仍然没有收到多少鼓励。谁也不相信她一个女孩子能读得多有出息，能怎样出人头地。于是，更多时候她是边读书边干活，边听着周围人的奚落。

“就知道读书，真是个书呆子！”“心比天高，命比纸薄，啧，还想上大学呐。”“你是读书人，还有你不知道的啊……”每次听到这些奚落的时候，她的父母也会疑惑“女孩子家的读书有什么用？”少时的candy也曾一个人躲在角落里偷偷哭泣。但在擦干眼泪之后，她仍会拿起书本，为了那个梦想，她不愿放弃。

最后，她考上了大学。在大学里，她拼尽全力争取奖学金，假期做兼职、做家教，在维持自己生活的同时，还会给父母寄一点点钱。她不敢旷一节课，为了弄懂一个问题，彻夜不睡……

我曾打趣她就像《平凡的世界》里的孙少香。她笑笑，不说话。一如既往的坚毅。

我们曾在灯火辉煌的夜里，仰望着那一扇扇温暖的窗口。“我也好想在大城市里有个家。”“尽管这么多年来，我读书有那么多不易，可是我从未想过放弃。”“每一次，每一次，特别难的时候，我就想坚持一会儿，再坚持一会儿。”

candy最终还是决定考研了。我知道她所做的挣扎与努力；我知道她为了最初的梦想，一定会坚持；我知道她不会放弃；我也知道她不会畏惧那些奚落与嘲讽。

[2]

我的领导侯总是一位十分优雅的女士。前段时间她从加拿大回国，邀我一起喝咖啡听讲座。一边经营着自己的事业，一边享受着家庭生活的温馨，在我们眼里，侯总一直是我们奋斗的榜样。

席间，她给我讲起了她年轻时的故事，一个也曾被别人嘲笑但始终坚持梦想的故事。

侯总的老家在江西农村。20世纪80年代考上大学，分配在北京一家报社工作。那个时候，她最大的梦想就是留在大城市。一群刚刚分配的大学生挤在单位的地下室里，每个月领到手的薪水算计着吃穿还常常不够花。可是，因为这是自己的梦想，所以每天还是很开心。

可是后来，侯总失业了，在她39岁的年纪。她那段时间手里的积蓄有限，年龄上又没了优势，每天早上起来想的就是往后的日子要怎么生存下去。

继续留下？回老家？“我要在这里生存下去。”这可是自己坚持了那么多年的梦想。

后来，侯总创业了。也曾蜗居在简易的出租房里，打拼到凌晨两点。也曾咬紧牙关，也曾受尽嘲笑——“你这么大年纪，又是个女人，创什么业，你不是那块料。”“你要是能创业的话，还会失业吗？别异想天开啦！”

很多情况下，在我们最需要鼓励与帮助时，偏偏听到的是嘲笑与奚落。而这个时候的嘲笑与奚落，最容易让我们堕落。

有个历史故事说，苏秦当年拜六国相归来，重金酬谢了曾帮助过他的人，而一个一路跟随他的人却迟迟没有得到酬谢。那人终于忍不住问他，“我陪你走了一路，为什么你感谢了所有人，却并没有感谢我呢？”苏秦说，因为在我遭遇挫折差点要放弃、最需要人帮助的时候，你并没有鼓励我。

如今时过境迁，侯总现在说起往事时，一切显得那么云淡风轻，“坚持住，年轻的时候都是这么过来的。咬咬牙就过来了。”可是，我懂得，有多少次的无助才换来这一次的云淡风轻。

[3]

前段时间热映的电影《疯狂动物城》，讲述的是兔子朱迪通过努力奋斗完成自己儿时的梦想，成为动物警察的故事。

因为偏见，起初没人相信一只弱小的兔子能够成为警察。就连朱迪的父母，也不支持她的梦想。但朱迪始终没有放弃，通过自己的努力考上了警校，并成为警校最优秀的毕业生。

朱迪来到大城市当了一名警察。因为偏见，依旧不被重视，但朱迪没有放弃。终于和狐狸尼克一起破获了大案，保卫了动物城的居民，让动物城重新回到了和平欢乐的时光……

其实，我们中的大部分人，小时候都曾拥有梦想，都曾无条件地相信这个世界的美好。可现实不是童话，当我们遭遇偏见、遭遇嘲讽，认清了现实之后，很多人放弃了儿时的梦想。

然而总有一些人，如candy、侯总，她们像兔子朱迪一样，不曾气馁，始终坚持着自己最初的梦想。是他们让我们明白：尽管在追逐梦想的道路上荆棘遍布，可是请你不要轻言放弃。坚持一会儿，再坚持一会儿。因为在坚持的道路上，你可能最终没有成为你想要成为的人，但是你一定会成为更好的你自己！

就像《疯狂动物城》里说的，生活总会有点不顺意，我们都会犯错。天性如何并不重要，重要的是你开始改变，开始拥有梦想！

快坚持不住的时候，默默告诉自己：“慢慢都会好起来的，再咬咬牙就好了。”

你明明一事无成
还安慰自己难得安逸

[1]

前两天跟一位读者朋友聊天，很有意思。

他是一名本科生，今年大三，明年毕业。一上来就对我说：韩大爷，我想找份好工作，我想有个远大的前程，我想过特别成功的一生。

我一听，志向远大啊，值得鼓励。

没想到他话锋一转："可我不知道自己该做什么工作好。"

我说："既然还没有明确方向，那可以先去实习一阶段，在实践中摸索自己想要的东西。"

他叹了口气："唉，实习没用啊，听出去实习的同学们说，工资低得可怜，每天加班到深夜，累得像狗一样，还不一定能转正。"

我一看这条路他不稀罕，就又没长心地给了条建议：不喜欢实习的话，那就准备下考研也行，多沉淀一下，给自己充充电。

他再次表示嫌弃："读研更白费，天天学还不一定能考上理想院校，即便考上了也会错过很多就业机会。"

我有点懵了，听这话风，他还是想先工作的吧，就又顺着他说："也是哦，那就先就业，再择业，找份工作先干着，积累两年经验，再进入更大的平台拼搏吧。"

没等我说完他就听不下去了："不行，不行，地方太小根本没发展，等两年过去，在大城市的同学说不定早飞黄腾达了，我估计还是混不出来。"

我实在没什么路子可以推荐了，就随口说了一句："那就只剩考个公务员，要个铁饭碗了……"

他没有回复我，我知道这个答案一定无法令他满意，因为他最初想要的根本不是这种早九晚五，一眼就能望到底的生活。

一天后，他又找到我。

"韩大爷，我想通了。"

我松了口气，心想他终于不再眼高手低，这回可以踏实奋斗了吧。

没成想他开口就说："你的建议太对了！我要考公务员！"

What？！我没听错吧！说好的远大前程呢？说好的世俗成功呢？

他这回貌似是有备而来，长篇大论道："唉，一切名利都是浮云，有什么意思呢？与其把自己搞得那么累，还不如过个踏踏实实的小日子，归隐田园，轻松自在，每天柴米油盐，享受平淡中的幸福。人这辈子，最大的成功，就是用自己喜欢的方式过一生……"

我心说他这两天看来没少背网络段子，而且还蛮用心，潇洒地完成了自我洗脑。

还能说什么呢，千金难买我乐意，那就祝他开心吧：嗯，只要这真的是你想要的就好。

今天早上，我又收到了这位读者朋友的来信：韩大爷，我又不想考公务员了……

我彻底无语。

这世上最大的悲剧，就是你过着陶渊明的生活，却怀着一颗奥巴马的心，有些不甘却又不愿努力，为了宽恕自己，只好自欺欺人地说：这就是我想要的东西。

[2]

我发现一个现象：我们很多人，并不是喜欢什么才去做什么，而是先看看自己正在做什么，然后告诉自己说，我就是喜欢这个。

张三是我的一个朋友，他这辈子换的工作比他换的女朋友都多。

比这事更神奇的是，貌似无论哪种工作，只要是他在做，就特牛，特神圣，其他的工作都不行。

有一阶段，他的工作是初中教师，生活安逸，勉强小康。他特自豪，觉得在外打拼的人都好蠢好俗气，但凡工资比他高的人都被他说成是拜金主义。

没过两年，因为种种原因，张三被解雇，只得从头再来，干起了销售。他嘴皮子不错，脑子也灵，赚了点钱。

这时再见他，西装革履，油头粉面，张口就是生活质量，闭口就是美酒香烟。

张三，永远是张三。

但穷的时候，他觉得自己是个“虽然没钱，但我很开心”的张三；

富裕的时候，他又觉得自己是个“我很开心，因为我有钱”的张三。

屁股决定脑子，这是一个很有阿Q精神的张三。而我们很多人，貌似都是张三。

我们很多时候，想要，但得不到，我们选择的办法不是去努力，去打拼，而是声嘶力竭地宣告：我其实不想要。

我们看见了葡萄，但个子不够高，伸手也够不着，我们选择的方式不是跳一跳，而是轻蔑地说着：葡萄太酸，我不爱吃葡萄。

我们向往安逸，我们懒，我们遇见点困难撒腿就跑，更可笑的是，为了不让别人看出自己在逃，我们边跑还得边喊些响亮的口号。

[3]

很多人不愿承认自己的慵懒，却拿起“初心”当幌子，什么事碰巧做成了，大声宣布自己不忘初心，但很多事他又做不成，只能小声地安慰自己：没事，反正这又不是我的初心。

时间久了你会发现，这样的人会有越来越多的事做不成；时间久了你更会发现：所谓的初心，基本上就是个没味儿的屁。

我们都曾读过书，上过学，相信很多人也都有过偏科的经历。

回想一下，面对自己的偏科，我们通常是怎么做的呢？是痛定思痛，花很多时间把这个劣势补上吗？

我们不会，我们会告诉自己：“我天生不是学这科的料，这科不行没关系，我还有其他科目来提高成绩。”

过了一阵子，你发现你不光偏一科，时间长了，两科，三科，你越来越不行，各科成绩都在对你步步紧逼，你没法子了，只好将自己的目标压低。

事情还没有结束，高考的时候，你成绩不佳，没有考上心仪的大学，这时的你选择了努力奋斗，挽回失地吗？

没有。你点开一篇鸡汤文，嗷嗷待哺地等着它告诉你：没事宝贝，二本三本的学生都能缔造人生的传奇，没上过学依然很成功的人铺满大地。

你没找到工作，你不去充电不去完善，而是等着别人告诉你：穷人的日子也很潇洒写意。

你爱人离开，你不去挽回不去改变，而是等着别人告诉你：没事，他是不懂你的魅力。

你越来越没朋友，你不去审视不去反省，而是等着别人告诉你：别把大把的精力用来处理这些没用的人际关系。

你一事无成，你不去反思不去努力，而是等着别人告诉你：一切都是浮云，生不带来，死不带去。

有一天，你老了，回首这个碌碌无为的一生，整个过程无非是你对生活处处让步，然而生活却对你步步紧逼。

这时，面对赤裸裸地摆在眼前的现实，还能有什么话拿来再安慰一下自己？

“人这辈子，最大的成功，就是用你喜欢的方式过一生。”这句话，现在想想，真的是细思恐极。

跳出舒适区，遇见惊喜

去年9月份开始的北漂生涯，到现在一年有余。但是现在很欣慰又很焦虑，欣慰在从去年到现在对北京这个城市已经越来越熟悉，而且还建立了工作生活的小圈子；焦虑在感觉自己被困在这个圈子里，怎么也走不出去！

[同事的那些话，让我想到了舒适圈]

和原来公司里的同事儿聚会，吃饭时有人问2017年有什么计划？

他轻描淡写地说："能有什么计划，继续工作呗，最好年底再涨涨工资！"

我问："就这样吗，没有其他的计划吗？"

"嗯……其实我挺享受这样的生活，每月领着固定的工资，过着小资的生活，很舒服很自在，不想其他了。"他如是回答。

听完这些话，我仿佛看到了明年的他。想必那时，他应该也会说出同样的话吧。

我不太喜欢臆测别人，但给人的感觉确是如此。说实话，挺怀念那个曾经在我面前规划宏伟蓝图的他，那时的我听完还很激动。

回来的地铁上，我一直在想为什么？为什么曾经在我面前意气风发的他不见了，到底是什么改变了？直到脑海里浮现出一个词——舒适圈。

[什么是舒适圈]

所谓的舒适圈，就是我们每个人都有一个学习、工作、生活的圈子，在这个圈子里有我们熟悉的人和事，我们会感到很舒服自在、无忧无虑。这个圈子就是我们的舒适圈。

待在舒适圈中的我们，很难走出去。我们面对着这个圈子里熟悉的人和事，享受着这份熟悉，对圈子外面的世界有一种莫名的恐惧感。

正如《肖申克的救赎》里有一句台词：监狱里的高墙实在是很有趣。刚入狱的时候，你痛恨周围的高墙；慢慢地，你习惯了生活在其中；最终你会发现自己不得不依靠它而生存。

这就是舒适圈，因为不适应，所以开始的时候我们会做出反抗，慢慢地我们就会适应这种生活，直到最后习惯这种舒适圈，一旦离开反而无所适从。

离开大学，进入社会，我们就是从一个舒适圈，跳到了另外一个陌生的环境，这个过程多少有些不适应，可能开始的时候有些抵触，到最后依旧习以为常。

[感觉自己陷入了舒适圈，莫名的焦虑感油然而生]

就如自己，曾经和同学来到北京，刚从象牙塔走出来的我面对北京这个陌生的城市，第一感觉是迷茫和恐惧。我们学校不是985、211，但是我们却来到了全中国985、211最密集的帝都，想必每一位刚刚驻足的毕业生都会有所担心。所以当时我的目标很简单：先找一份工作。

就这样担心着过完了实习期、试用期、转正。经历了一年的时间，对北京这个城市也从陌生到熟悉，慢慢建立起自己的圈子。说实话，很享受现在的圈子。

直到遇见文章开头同事的一番话，我也在想，“是不是已经陷入自己的舒适圈”。只不过这时，再没有什么外力去提醒我去跳出舒适圈。而我只能不断反思，不断自省，否则最可能的结局就是在这个舒适圈一日复一日，直至“孤独终老”。

[那如何跳出自己的舒适圈呢]

1. 如果有的话，找到一个可以为之奋斗终生的人或事

其实很多时候，不是我们不愿意跳出舒适圈，只是我们找不到跳出舒适圈的动力！舒适圈里的生活让人享受，令人陶醉，除非受到沉重的打击。就像我高中的一位同学，一直迷恋于游戏中的人物和场景，别人怎么劝都没用，直到高考失利后连专科都没考上，到了无学可上的地步，才被迫思变。第二年复读后，去了西南财经。

但是人的一生中，这种情况毕竟是少数，更多的是通过找到一个你可以为之奋斗终生人或事。这个人，可以是你的父母，可以是你的爱人或女友；这个事，可以是你的本职工作，也可以是你的兴趣爱好。

把它们当成自己不安现状进取的精神动力，督促我们每一次的奋进。

2. 明确自己的方向和克服的困难

明确自己想要成为什么样的人，在这条路上需要克服哪些困难！你想成为一个社交高手，那你应该首先克服自己的胆怯，主动和别人聊天，哪怕是打招呼；你想成为一个运营高手，那你应该首先克服自己的惰性，主动走出去聆

听大家的分享，哪怕只是几分钟。

明确自己的方向后，你需要明白成为这样的人需要克服哪些困难？你希望能和别人用英语流畅地沟通，但是却不敢？什么原因让你不敢去主动找别人用英语聊天！怕自己发音不准确？对自己的外表不自信？怕对方听不懂你在说什么的尴尬场面？找到舒适圈之外恐惧的深层次原因，其他的就好办了。

3. 一步一步来，慢就是快

任何改变不可能一蹴而就，需要一个改变的过程。常常跑步的人都知道，训练体能，都有一个阶段，你平常跑800米都喘，突然让你跑10000米肯定吃不消。反而因为一次的半途而废，让自己备受打击。

所以在明确方向和困难后，要落地可以相对合理的计划，比如：800m-1500m-3000m-5000m。一步一步来，慢就是快！

4. 每天做一些新事情

每天尝试一些舒适圈以外的新事情。你喜欢音乐，那就尝试每天去看一些乐理的知识，不多不少，有收获就行；你喜欢文字，那就尝试每天写一些日记，不需要很深刻，能把今天的事情说清楚就行；你喜欢读书，那就尝试每天半小时读一章节，等等。

多尝试这些你看似不起眼的新事情，你会意外发现每天的生活会充实许多，而在不断尝试的过程，就是我们一步一步走出舒适圈的过程。

一个月之后再回首，你会发现自己改变很多。生活很多的不可思议，都是在不起眼的尝试里发生的，所以勇敢尝试一些新事情吧。

过得
别太舒服了

[1]

樱桃是我在健身房里认识的朋友，她每天的运动计划基本相同，先缓慢进行半小时的无氧训练，再做40分钟的慢跑或快走，然后洗个澡，上一堂舒缓的瑜伽课。

我刚办健身卡时，经常和樱桃搭伴。她那会儿差不多有140斤左右，我们搭伴的那个月，大都瘦下来8、9斤的样子，还是挺成功的。后来，我因为工作忙，就把锻炼的时间缩短了，逐渐把频率也降低了，再到后来就干脆一周才去一次。

大概是三个月后，我再见到樱桃，她的体重已经到了115斤，惊艳了我。我在瑜伽房里跟她聊天，询问近况和减肥的心得。她一边做深蹲，一边调整呼吸和我讲话，说你试试这个动作，可管用了，我现在每天都坐50个。

呵，这一试不要紧，我感觉太累了，索性就放弃了，继续坐在瑜伽球上跟她闲聊。

完成任务后，樱桃擦了擦汗，说："其实，减肥就那些方法，没什么新鲜的，大家几乎都知道，但就是过程太难熬，没人愿意给自己找不舒服。"

是啊，减肥靠的是毅力和坚持，之所以难，就是因为过程里包含着痛苦，一直在跟自己的舒适作对。很多人抗拒这样的雕琢，自然也无法得到想要的结果。工作和生活也是这样，没有谁可以通过不努力，就轻而易举地获得某种成就。

[2]

经常会有朋友问我，怎么样才能写出好的作品？我只是说，坚持每天写。他告诉我，不知道该写什么？我说，你就把看到的、想到的、感受到的罗列出来，想一想生活中与之类似的情况，能够引申出什么？然后，用你的话把它们描述出来。平时，多读一些书和其他作者的文章，感受一些全新的思路，对写作都有好处。

当我辛辛苦苦把这些字敲打出来后，屏幕那边回应给我的，却是这样的话：我没那么多时间啊，对我来说太难了，下班后就不想动弹了！然后，我就不再说话了。

亲爱的，写作对谁来说都不是一件容易的事，哪怕是写出阅读量超过10万的作者，构思一篇文章也是需要花费时间和精力的。要锤炼出文笔和逻辑，也需要经过大量的练习，绝非一日之功。我们总是羡慕别人身上的风光无限，并试图向对方取经，可就算对方把一切全盘托出，也未必所有人都能抵达那样的高度。天赋能力是一回事，能否耐得住寂寞、扛得住压力、咽得下苦头，又是另一回事。

明明知道努力可以做成一件事，为什么不去努力呢？

因为，努力的过程太辛苦了，要克服阻力，远离舒适区！

跑步和控制饮食能减肥，可是要忍住美食的诱惑，迈开沉重的步伐，汗流浃背，就放弃了；学英语要背单词、练听力、说口语，养成每天不间断的学习习惯，在日复一日中积累，很是辛苦，也放弃了；写作要多看、多读、多思考，笔耕不辍，费脑耗时，又放弃了。

你什么都没做，就不要去羡慕人家曼妙的身材，流利英文和六七位数阅读量的文章。没有吃人家的那份苦，就没资格去尝那个甜头。

[3]

“女神”级人物晓柯，样貌出众，才华横溢，在美国读完硕士后，就留在那边工作。微博里经常会有她的动态，充满了新奇和趣味，若是一段时间没留意，我总是会大吃一惊。有些不太熟悉的朋友，时常会留下一点客套的祝福；关系一般的，说说自己的佩服之情；关系熟稔的，都半调侃似的说“羡慕嫉妒恨”。

对这些外界的钦慕眼光，晓柯好像看得很淡。用她的话说，他们都只看到了萤火虫的光芒，却没看见它背后扇动的翅膀；他们只看见我在美国享受“烧烤大会”，却没窥见我埋头在自习室里苦哈哈的样子。

我们得承认，世上有一些人天生优渥，可以坐享其成，但绝大多数平凡者，都不是那个幸运的宠儿，想要拥有必须先付出。

记得晓柯在出国前，每天抱着枯燥的单词书看，熬了多少个通宵自己都不记得了。那些日子，真是难熬！一是心理上的压力，二是身体上的辛苦，一个人在自习室啃单词，孤单得像一个被抛弃的布偶。可正是那段日子，磨炼了晓柯的意志。那天她还说，恐怕此生都少有那样的时刻了，现在想起来也佩服那时的自己。

别总是羡慕他人的光芒，想想他们背后的努力；别总是畏惧黑暗的日子，你若在黑暗中自省、自拔，你也可以穿透黑暗，绽放光芒。只不过，生命是慢慢积累的过程，很多事情，需要经历等待才能看到努力后的结果。期间的种种艰辛、泪水、汗水，旁人不会知道，也未必会理解，个中滋味只有自己才懂。

不要责备命运赐予你的太少，生活对你过于吝啬，每个人都有挣扎与努力，都有困惑与宿命。总有人比你强，比你弱，比你幸运，比你不幸，这就叫生活。若想成为理想中的你，那就狠狠心，别让自己过得太“舒服”了。

第四辑

跌倒又怎样，爬起来就是

在哪里跌倒，未必要在哪里站起。这当然不是虚荣，而是君子择善而迁。

扬长避短，换一处战场从头再来，终会满身光耀，缓缓而归。彼时漫天鲜花与欢呼中，又有谁会记得曾经败绩。

生活有泥泞不堪，也会有鸟语花香

[1]

母亲养育六个儿女，种了十几亩田地，在那个什么都靠手工的时代，忙碌可想而知，每天天不亮就起床做一家人的早饭，喂猪喂鸡，把家务做好后，又扛起锄头匆匆下地，晚上把孩子们安顿好后，又坐在床头，挑亮灯，做一家人的鞋子。

很多人被这种劳碌的生活压得喘不过气来，因此变得暴躁易怒，一点不对就破口大骂，每天生活在抱怨和指责里，把自己和身边的人都弄得疲惫不堪。母亲的孩子最多，干的活也最多，可无论多么忙碌，她从来没有打骂过我们，即使忙得顾不上吃饭，她的脸上也看不到焦躁和绝望。

我一直不明白，为什么母亲跟其他人不一样，直到有一次，没有打电话，就突然回了家，一进院门，被眼前的情景吓了一跳，院子里，到处都铺满了纸张，有的是从作业本上撕下来的，有的是写过字的白纸，有的是书本的封皮，这些大小不一的纸上，有铅笔画的肖像，有彩笔画的风景，也有钢笔画的速写。母亲一边小心翼翼地把这些画铺开晾晒，一边满脸含笑地欣赏。

更让人吃惊的是，这些居然都是母亲的杰作，她虽然大字不识几个，却喜欢看那些美丽的图画，看了还觉得不过瘾，就拿起笔，把身边的美景记录下来。即使在最繁忙的时候，母亲也从来没有停止过画画，她说，只要一拿起笔，就仿佛有一只蝴蝶在心里翩翩起舞，对生活所有的不满都烟消云散了。

原来，这些从来没打算见天日的画，就是母亲对抗艰难生活的武器，有了它，再忙碌庸常的日子，也会变得鸟语花香。

[2]

一次演出中，遇到一个特殊的演员，那是一个中年女子，身材保持得很好，把一段健美操跳得活力四射，只是，她只能频繁地甩动右手，左边却空空如也。

她的演出，让台下掌声和议论声不断，我也一直为她捏着一把汗。虽然我不喜欢探问别人的隐私，但还是禁不住好奇心的诱惑，演出结束后，找了个机会，和她聊了几句。

她的左臂，是在一次车祸中弄丢的，这对于一个爱美的女子来说，简直是毁灭性的打击，所有人都觉得，此生，她只能躲在房间里，寂寞地走完黯淡的人生，曾经，她也这么以为。

但是，疼痛过后，她觉得自己还是应该做点什么。她曾经是一名健美操教练，她是如此喜欢这个职业，喜欢这种运动，那种喜欢，是怎么也按捺不住的。于是，晨起时，黄昏时，她就站在自家的阳台上跳上一段，只要一伸开胳膊踢起腿，心里就仿佛有一朵花儿慢慢绽放，那些伤痛和绝望就被踢到了九霄云外。

终于，她跳得越来越好，笑容在她脸上绽放的次数越来越多，她重新变成一个自信阳光的女子，不再唉声叹气，不再对生活悲观绝望，结婚、生子，和正常人没有区别，把日子过得风生水起。

那些一个人跳的健美操，就是她对抗黯淡生活的武器，有了它，再灰暗无助的日子，也会变得轻舞飞扬。

［3］

有位同事的女儿，大学毕业后，找了份不好不坏的工作，不清楚自己到底适合做什么，也不知道自己能做什么，总之，对未来没有丝毫的规划，迷茫而又焦虑，不知道该何去何从。

这是很多年轻人的通病，很多人无力改变，除了抱怨生活的不公，就是干脆得过且过。同学聚会、逛街淘宝，这些年轻人爱玩的游戏，女孩经常参加，不过，别人疯玩的时候，她却总是拿着手机，找各种角度拍照，看着那些角度新颖的照片，她就觉得心里仿佛有一股泉水，叮叮咚咚地流淌，把那些焦虑和迷茫冲洗得无影无踪。

后来，她把手机换成了相机，从自动到单反，一步步升级，一有空，就在网上找拍照攻略，修理照片。家人嫌她不务正业，再三劝阻，她却总是沉浸在那些照片里，如痴如醉。

工作之余，她一心扑在拍照上，拍的照片越来越多，脸上的笑容也越来越多。后来，她把这些照片放在微博上，引得一片赞叹。她更加忙碌了，别人都在抱怨的时候，她在拍照，别人都在钩心斗角的时候，她还在拍照。她是职场里最从容淡定的一个人，不抱怨，不争斗，总是笑意盈盈地，充满了阳光向上的力量。

现在，她已经成了一名摄影师，开了自己的工作室，摆脱了所有的迷茫，脚踏实地的拥抱了梦想。

那些独自默默拍摄的照片，就是她对抗迷茫生活的武器，有了它，再迷茫无望的日子，也会变得充满希望。

生活是一片浩瀚的海，暗流涌动，那些庸常、绝望、迷茫，就像一个又一个旋涡，随时准备将我们吞噬，而我们要做的，就是身处旋涡边缘，依然无视它的凶猛，依然能够鼓起勇气，尽情舞蹈，跳着跳着，我们就会发现，自己已经离旋涡越来越远，已经重新走上了风光无限的旅程。

就别在死胡同里死撑了

老同学聚会，一位许久不见的男生进门就宣布：“我换工作啦！”

这位男生是班上学习最好的几个人之一，毕业就考了公务员。那个年代的公务员还是香饽饽，想从千万人中脱颖而出，并没那么容易，所以听说他考试成功时，大家还是很羡慕的。谁知才几年，他居然就辞职了。

“做得不开心吗？”

“这么冲动不是你的性格啊……”

“咳，怎么说辞就辞，不知道多少人羡慕你吗？”

大家询问着，他耸耸肩：“太累了，官场上那些事我真的研究不来”

有敏感的同学听出他的话外音：“这怎么说？”

他没避讳，表情有些不高兴，“本来该我升副处的，结果来了个上司的亲戚，把我顶了，一气之下就辞了。现在在一所大学里做老师，每天做做学问，带带学生，挺不错的。”

“那可太不应该了。”有人劝他，“忍忍就过去了啊。再说，工作做久了都会有不满，最烦躁的时候觉得每天在忍，可是在哪里不都一样？”

“不是的。”他偏着头想了想，“你懂我的厌恶吗？我甚至觉得——哪怕真的是忍，我也要换一家！不在这里了！”

有一位女生接过他的话头：“我同意你的看法。”

大家笑起来：“怎么，你也辞职了？”

她摇头：“不，我离婚了。”

我们记起她老公是某家知名企业的董事，家里别墅跑车都有了，孩子已经上了小学，居然突然离婚，也很不可思议。

“他出轨。”她简明扼要地概括整个过程，“女人都带到家里来了，在我面前耀武扬威，就离了。”

当下便有人提出不同看法。

“男人嘛，你包容他一点儿，稳住阵脚，迟早能把他夺回来。现在能赚钱的男人可不好找。再说了，从哪里跌倒，就要从哪里站起嘛！”

女生笑笑：“如果你在别人的路上跌倒，就算站起一万次，又有什么意义？”

读过一则新闻。

珍妮弗·菲戈是史上第一位以游泳方式横渡大西洋的女性。

她的经历很精彩，56岁，从佛得角到查卡查卡尔岛，25天的时间，出发那天浪高9米，她依然没有觉得恐惧，坚持完成这项创举。

精彩之后就是逆转，争议出自结束横渡后。

美国不少媒体都采用了“约2100英里（约3380千米）”的说法，这是一个很恐怖的数字。在后来的采访中公众却得知她是乘双体帆船CarriedAway出海，每天在大西洋中游泳，但是时长要视各种情况而定。

“一杯富含咖啡因的苏打水，那是我一天的开始，大约是早上7点。当我吃意大利面和烤马铃薯时，雷会坐在餐桌旁为我分析当天的天气情况……一般我每天要消耗8000卡路里的热量，所以晚上都得吃鱼、肉、花生酱等食品来补充。”在一切都达到最佳状态的前提下，菲戈每天最多能游8小时，而当她在水中需要补给时，自然有人会把能量棒送到她的手上。

经过确切统计，船员们得出一个结论：她在25天里游了约250英里（约

402千米）。

有些读者觉得菲戈欺骗了他们，他们认为遇到风浪也应该勇敢克服，只有始终在海水中奋力向前，才符合他们心目中女英雄的形象。

有意思的是菲戈所做的解释——

“我从没说过横渡计划就是不眠不休地游泳，夜晚或天气糟糕导致前进受阻的时候，我当然要坐在船上，避开这些状况。”

有网友赞同她的观点，评论称：难道英雄的定义就是要坚持迎浪而上，淹死了事？吃了坏天气的亏，当然要避开这处风浪，找到另外的方法合理前进。

不盲目自信，不异想天开，知不可为而不为之。

“所以是她横渡了大西洋，而不是那些跟海浪较劲的傻瓜。”他们说。

遍体鳞伤，不死不休，这份坚持固然值得尊重，却不一定是最适合的结局。坚持过度就成了固执，会为所有的磨难再加上一层铠甲，作茧自缚，难以自拔。

“另起炉灶”未必是懦弱，而是自省后更成熟的选择。

有些摔倒的人，心里非常明白这条路并不属于自己，也明白为什么摔倒，又为什么疼得不想再前行。

顽守着错误的方向，只会一错再错。

哪怕是狼狈地连滚带爬，逃上一条他乡的道路，毕竟是全新开始，好过在死胡同里强撑到底。

在哪里跌倒，未必要在哪里站起。这当然不是虚荣，而是君子择善而迁。

扬长避短，换一处战场从头再来，终会满身光耀，缓缓而归。彼时漫天鲜花与欢呼中，又有谁会记得曾经败绩。

跌倒了，
你要这样爬起来

前两三个月，因为母亲身体原因，我每个周末都会坐高铁回到老家。一些昔日的中学同学知道消息后，也会赶到家中，探望母亲之余，我们自己也会叙叙旧。

叙旧中，大家提及三个同学遭遇挫折之后的故事，不禁唏嘘。

[1]

A君大学毕业后开始在深圳办工厂，工厂效益最好的时候，员工有400多人，最平淡的年成也有将近100人。他的特点就是胆大心细，在我们还在谋求体制内生活的时候，他当起了老板。

A君的转变是2008年，事由是炒股。2007年股票涨到6000点的时候，他杀进去了，结果股市一泻千里。越想解套越被套，他所有家产都亏进去了。炒股两年，自然疏于对工厂的管理。工厂业务顿减，客户投诉增多，骨干员工出走，恶性循环。

炒股失利，他的妻子并没有因此大吵大闹，每天均是好言相劝，劝他把精力放回开厂这件事上。妻子越是知书达理，他越是一蹶不振。他陷入无限的自责中，觉得对不起妻儿子女，对不起家庭。他回到厂里，面对一堆烂泥，他无力再糊上墙。他再一次陷入自责中，觉得对不起当年一直跟着他打江山的兄弟们。

自责像瘟疫，具有传染性。自责也像麻药，具有麻醉性。A君在自责中度过了很多年。他不想干任何事，除了自责。任何事都提不起他兴趣，除了自责。

[2]

高中时代的B君，读书不错，学习上等，篮球打得好，校队队员，性格活泼、自信。下午的时候，住校的女生经常打完饭就去篮球场台阶上坐着，边吃饭边看他练球。

B君高考发挥失常，连中专都没考上。他从此一蹶不振。我读大学，寒假回到老家，同学之间还有一些聚会，印象中他喜欢说一句口头禅："不要高估自己。"这句口头禅更多的是说他自己。他埋怨自己高考前高估了自己，导致没有做更好的准备。一年、两年、三年、五年，他还是这句口头禅。

有一年春节，我记得很清楚，天空飘起雪花，我在县城办完事赶紧准备回家。启动车子的时候，发现迎面骑来一辆慢悠悠的自行车，车上的人正是B君。寒暄后，问他这么多年为什么不出去闯一闯。他说，他哪里是这块料，老老实实待在家里就好了。我说，你是一个灵活的人，在外头不至于混不下去，怕什么。他说，再也不敢高估自己了。我无奈，问了一句："你现在还打球赛吗？"他回答："高考完就没摸过篮球了。"

[3]

C君是个离婚妈妈。离婚原因不详，大家只知道一年前她离婚了。

看得出，离婚这件事给她造成了很大的心理阴影。她动不动就沉浸在自己的悲伤中："我好难从过去走出来，快一年了，估计永远走不出来了。"

对此，大家都对她轻描淡写地说，离个婚而已，有什么，赶紧准备新的恋爱吧。

但她还是会说："不可能的。第一次婚姻给我造成这么大伤害，我不可能相信任何人。"

大家费了九牛二虎之力都难以把她拉出来。

爱莫能助，只好任其深陷其中。

[4]

我这三个同学都是因为遭遇了一次挫折，结果人生从此灰暗不见天。

我们常说，人生不到最后一刻，都不叫失败。但他们三个，大家对他们不再抱有信心，关键是他们自己也对自己不再抱有信心。

为什么会这样？我想起前几天读到美国心理学家马丁·塞利格曼的一个研究：关于挫折。他说，挫折容易给人造成三个假象，这三个假象，我归结起来就是三个"P"：个人化（Personalization）、普遍性（Pervasiveness）和持久性（Permanence）。

个人化（Personalization）：总以为是自己做错了什么才导致不幸的发生。具体表现就是一天到晚埋怨自己，除了埋怨，动力全无。A君的故事，就是典型。如果能够突破挫折带来的这个假象、这个"P"，他完全可以逐渐恢复元气，把工厂开好，说不定三两年功夫股市亏的钱又赚回来了。

普遍性（Pervasiveness）：以为某一件事会影响到你生活的全部。具体表现就是患得患失、徘徊不前。B君的故事，就是典型。如果能够突破挫折带来的这个假象、这个"P"，他完全可以出去闯荡一番。高考落榜生闯出名堂的例子多了去了。

持久性（Permanence）：以为悲伤将永远持续下去。具体表现就是陷入自己的情绪中，无法自拔。女同学C君的故事，就是典型。如果能够突破挫折带来的这个假象、这个“P”，她完全可以让生活更多彩一点，再组建一个幸福的家庭，完全有可能。现如今，她天天祥林嫂似的，哪个男人见了她不想跑！

[5]

再优秀的人，挫折都不可避免。

如何避免挫折过后再也爬不起来？

这三个由挫折带来的假象，必须识破它！

挫折、跌倒，不过如此，没那么严重。

千万不能让这三个“P”，让你迷失方向！

感谢那些艰难，让我成了最好的我

朋友问我最近一次哭是什么时候。我想了一下，能想起来的有两次。

一次是中秋假期结束回青岛，火车一路晚点，原本八点就该抵达却硬生生地拖到了十点半。行李太多太重却打不上车，又找不到直达家门口的公交车站牌，黑暗的夜色里走了很久才上了一辆公交车，下车后还要走半个小时才能到家。小路上空无一人，手掌被勒得生疼，满身汗水。两只手都提着东西，以至于天空突降骤雨时根本腾不出手来打伞。爸爸发短信问我到了没，我停下来回短信：“早就到了，都吃过晚饭啦。”

租的房子在五楼，楼道里的灯忽闪忽灭。躺在了自己熟悉的床单上之后，被雨水打湿的头发找到了枕头之后，我才终于放声大哭了起来——为这一程黑漆漆的长路，为那一路上黯淡的星光。

也是在放声大哭的几分钟里，我竟放下了心里那些一直纠结着的爱而不得的人事，无声地跟自己说：“从这一秒开始，我要好好爱自己，才能对得起独自一人时的颠沛流离。”而那些我从前固执付出却一无所获的东西，且让它们都随风吧。

另一次哭就在上周末。截稿日临近，因为出差一周，只好将要修改的书稿存进U盘里带在路上。那一周工作量突飞猛进，不仅修改完了旧稿，还写了一万多字的新文章。周末出差结束回家，还没来得及将U盘里的内容复制到电脑上，结果在逛街回来之后突然发现，U盘和零钱包一起不翼而飞了！

我沿路返回，确定自己再也找不回来时，坐在路边的椅子上痛哭流涕，丝毫不顾自己的形象。可哭过之后，还是要回家，冲个热水澡，然后凭着模糊的记忆将那一万多字重新写出来。

你看我们都曾将最柔软缱绻的内心交给最动荡不安的未来。它像晴天里一个雷霆，你能听到心底的某个部分被“刺啦”烧焦了一块；它像一阵疾风骤雨，有一团跳跃的火焰瞬间便被浇熄了。一盏灯灭，心里便暗了一块。

我反问这个朋友最近一次哭的经历，她说起了好几年前的一件往事。

那时她刚工作没多久，因业绩突出破格晋升，没想到之前视之为好朋友的同事为之愤怒不平。有一次开会，她像往常一样坐在了那个同事身边。还没坐稳，却只见同事狠狠地在桌子上摔了文件夹，之后换到了别的位置，周围其他同事诧异地看过来，只有她一个笑容还僵在脸上。

她不气，只觉得伤心。当年她新入职，手把手教她用公司软件的，和这个会议室里当众给她难堪的、暗地里冷嘲又热讽的是一个人。

好几年后，她跳槽去了更大的公司，偶尔路过旧东家还能看见那个同事的身影。她仍然在做原来的工作，忙碌，得体地笑着，好像和数年前的样子并无二致。

朋友吸了口气又深深地呼出去。往事皆已飘散，而人呐，总要往前走。

大学毕业前夕，我、H还有班里另一个女生在宿舍里聊天。我当时还没有工作过，一直听那个女生讲述刚去工作的种种艰辛，听得我都为她感觉不值。后来她走了，我跟H说：“你看她工作好辛苦。”

H淡淡地笑了笑：“谁没有过一段辛苦的时光？”她大三的暑期在一个服装公司实习，刚入职正好赶上广东的盛夏，整整三个周都在仓库里整理库存，极其闷热。毕业之后她换工作，去了北京的一家地产公司。当时我发短信问她，工作怎么样啊，生活还习惯吗。她说都挺好。可我经常是凌晨时才收到她回的短信，还见过她拍的幽暗的地下室照片。

那些在陌生的城市里，漆黑的深夜中，颠沛流离的经历总能悄无声息地改变我们。你发现自己大部分的内心开始变得坚硬与残酷，而柔软的部分则越来越少。也或许是因为越来越少，才想要拼尽全力去捍卫那一丁点儿的温情与不舍。而那些无谓的人事，再也不想空落落地等，再也不想燃尽一腔热血只换一盏冷饭残羹。

我们总能学会一个人修马桶，颤颤巍巍地攀到架子上换灯泡，应酬之后还能忍着头晕与反胃为自己调一杯酸奶来解酒。

但仍然感谢青春里那些艰难的时刻，那些异乡的漂泊，那些在暗夜里一边跟自己说着“加油”一边往前走的日子，一定是它们成就了今天的我们，让我们能有足够坚硬的躯壳去捍卫那些不可磨灭的柔软与美好，也有足够温暖的初心去拥抱那些终将到来的慈悲和懂得。

在那些最艰难的时刻，我只是一直走着，等那些漫山遍野如萤火一般的星光重新亮起来。

越是阴霾，越要处变不惊

一起长大的一位朋友单名一个“霞”字，小时候的我们童言无忌，每次看到她开口就叫“大侠”，看她无可奈何的样子，我们就像获得战利品一样兴奋无比，总觉得看到别人因为我们的捉弄尴尬时就是人生一大快事。

她是个坚强的女孩，历经了很多我们同龄人都无法企及的艰辛与痛苦。看到如今的她过得自由自在，每到一个地方都会在自己的朋友圈分享自己的照片，脸上溢出那么甜美的笑容，我就感到无比温暖。

每次我都想说这样一句话：让坚强的自己活出更好的日子。

之所以说她坚强，倒不是因为她没有在我们的童言无忌中迷失自己，而是相对于她自己历经的那么多事情，我们的童言无忌就算不上什么了。当然，我也很感谢生活，感谢那个坚强的她，没有让自己在生活中失去自我，而是让坚强的自己，活出了现在的模样来。

父亲在她年幼时撒手人寰，留下年轻的母亲及还在襁褓中的弟弟，对那样的家庭来说，顶梁柱倒了，是用简单的“晴天霹雳”无法比拟和描述的。母亲带着他跟弟弟艰难地撑了几年，然后改嫁了。

也是母亲的改嫁，她的生活轨迹开始转变。母亲到外省打拼，她和弟弟与伯母一家生活。那时候我们正上小学，没有那么多的想法呀，知道每天按时上学，回家吃饭写作业，心情不好还可以跟父母闹别扭。

而她不一样，回家还要洗衣做饭，有时候一件简单的小事做不好就会被伯母打骂，更别说在父母怀里撒娇了，因为我们有的，她没有。在我们放学回家的玩伴中几乎没有她的存在，她所要做的事情，远远超出那个年龄能够承受的。

她的伯母跟伯父的关系不好，伯父常年在外，她晚上回家还陪着伯母打理生意，常常要到很晚才睡。白天上课就趴在桌上睡觉，很多人都不解，都说她是个懒虫呀，只有少数人知道她每天都那么辛苦，也只有在教室的时候能睡个安稳觉。

后来她跟我说：“有一次我真的忍不住了，给我妈打电话说如果不把我接走的话，我就自杀。”

听她说这句话的时候我震惊了，那么小的年龄竟想到自杀？更何况蝼蚁尚苟且偷生，生活要到何种地步她才会想到轻生呀？我无比愧疚，那个时候的她承受着我们无法承受的苦，做我们无法做到的事，我们却总拿她开玩笑，若她真有什么三长两短，那这辈子又怎能心安呢？

那时候一看到别人的痛处，就想在别人的痛苦之上找乐子，看到别人更痛苦的时候，就越是开心，恨不得让全世界的人都知道一般。现在想想真的忍不住要骂自己，甚至都没有资格跟这样优秀的人做朋友。而且所谓的童言无忌也都是给自己的无知找理由罢了。

后来她母亲把她接到了外省，其实那里的生活也不容易。一家人挤在一间狭窄的房子里，她也大了，总会有些不方便。后来母亲们搬到别处，她一个人住在原来的房子里，周围住的都是在附近工地干活的五大三粗的男人们。

她说每天晚上都是提心吊胆地听着男人们互相骂爹骂娘入睡，第二天醒来看到外面阳光正好时，就会觉得这个世界好美，然后笑着开始新一天的生活。那时候的她心里对母亲还有怨言，直到有一天晚上母亲跟她说一个男人在你最无助的时候来到你的身边，给你无微不至的照顾和关怀，也不嫌弃你的过去，而你本身就已经撑不住了，为什么不靠一下呢？

她能够理解母亲那些年的苦，她也知道那些举步维艰的生活。母女俩在房间里抱头痛哭，从那个时候她更加坚强，不再抱怨母亲，而是更加努力学习，直到后来考上大学。这些年来，她都是积极乐观的，在每一位朋友眼中，她是个爱说爱笑的姑娘。

跟她相识的人都有一种感觉，跟她在一起，你总能感到一种温暖。而自己所经历的那些艰难的日子，在她面前都显得微不足道了。

曾经我也一度认为生活有太多的不如意，尤其是升高中那会儿，报考重点高中落榜，原本成绩并不那么优秀的同学都上了理想的学校，我执拗地认为全世界都在与我为敌，把不如意的事情都压在了我的身上。

到了一所我从未想过的学校，军训那几天我打电话给我姐说我不想上学了，让她跟我母亲说我要辍学，好在在姐姐的劝说下我冷静下来了。后来我反省自己很久，若是我真的放弃上学，那对父母会造成多大的伤害呀？而我不上学自己又能做什么呢？

上大学之后开始写文章，认识的文友们在高中时就已出书，自己写了一年仍旧无人问津，签了合同的书又因为种种原因不能出版。那段日子情绪很低落，晚上躺在床上我就问自己：一直以来的坚持是不是错了？

我还是告诉自己不要放弃，在最困难的时候如果不坚持，在最迷茫的时候不努力向前，那永远只能停在最初的位置。努力探寻，哪怕最后看不到希望，至少不会让自己绝望和遗憾。

后来稿子有幸被编辑看中，签了合同，等待出版，心里真的很高兴。被人认可的时候才明白，之前经受的质疑和迷茫都是成长的必经之路，也只有经过那些困难和挫折，才知道收获的来之不易，每一次进步都要付出筋疲力竭的努力。

有一个周末到书店看书，偶遇作家简平的新书签售会，书名叫《最好的时光》。讲述了他与母亲双双患癌时的经历，母亲不悲伤，他也不难过。母子俩去了韩国、日本，中国香港、台湾等国家和地区，把最坏的日子，过成了最好的时光，最终母亲笑着离开这个世界，他也笑着面对现在的生活。

听到这个故事的时候真的很受触动，很多事情真的没有我们想象的那么可怕，可怕的是害怕困难。面对微小的挫折就一蹶不振，只能说明你历经的困难太少，最终成为生活的弱者。而那些历经艰难过后，让自己越坚强，在生活面前，就算再多的苦，也要过出更好的日子的人，最终会成为生活的强者。

并不是说要历经多少苦难你的人生才算完美，只是现实总会有太多的不如意，它可能会在你喜悦的时候给你当头棒喝，让你措手不及。每个人都有弱点，也有自己的软肋，但面对苦难和挫折时，都应该以坚强的态度挺过去，妥协可能少一些挣扎的痛苦，但多了委曲求全，可走过去后，或许就会有意外的收获。

最好的日子，就是不逃避生活对我们的种种刁难，不去回避那些挡在前路的坎坷，躲得了眼前的小事，逃不过一世的艰难。而所谓的坚强，需要在一次次战胜困难中炼就而成，因为强者不是与生俱来的，我们是人，本身就很脆弱。

生活和你的态度会让你选择做一个什么样的人，我们不得不承认这个世界有它的美好，也有它的阴霾，只有知道现实是什么模样，自己又是什么样子，才会懂得要如何去改变自己，去适应这个世界，在风云变幻的环境之中立于不败之地，不至于手足无措，而所有的当头棒喝，只要我们处变不惊，也就无关痛痒了。

若是不坚强，懦弱给谁看

曾经看过一篇文章，里面作者有一句话让我心有戚戚焉，她是这样说的：无论我们怎样伪装坚强，在内心深处，依然住着一个怯懦的小女孩。

记得有一次，我在朋友圈里发一个茫然无助的小女孩图像，然后问：有没有谁在某一刻像这个小女孩一样?

我的朋友们纷纷回复：有，经常。

我们活到这个年岁，依然还会茫然无助，不知该如何应对这生活。

韩寒有一句经典句子：懂得了那么多道理，可依然过不好这一生。

即便你懂得了人生的再多道理，在这个世界里依然没有谁能胸有成竹地过好一生。

在别人的眼里和嘴里，我是个坚强的人，起码外表表现的是。但是，我自己却知道，我并不是一个事事都能坚强面对的人，很多时候，别人的一个白眼都能将我击个趔趄，别人对我的某些指责常常让我寝食难安，别人对我的误解让我难过之极，别人的歪曲之言让我心痛欲裂。

可那又怎么样呢？别人不会因为你的弱小与难过就懂得了你和原谅了你，最终原谅自己并且要面对任何生活困境的只有你自己本人。

李碧华说：爱到最高点，你也要自立。自己不立，谁来立你?

因为有爱在心中，往往便有了顾虑。便是受了委屈，也假装不在意。可是，又有谁知道，你某些时刻的心在翻江倒海，万马奔腾？又有谁在意，你此时此刻还在微笑的面容下，是一颗滴着血的心脏？

我们都没有那么坚强，可我们都需要坚强。

这是在这个世上生存的我们，别无选择的答案。

我喜欢懂事坚强的女孩们，因为知道她们的苦。

我的朋友L姑娘是个懂事坚强的姑娘，她上班的地方离家挺远，每天坐班后已经到了下午6点钟，在冬天里这个点已经是夜晚，她还要走路一个小时才能回到家里。除此之外，她每天都在坚持写很多字，还带着一个三岁的小孩子，我看着她，真心地为她的坚强感到心疼。但是，当我们遇到生活的艰难，也只有用自己的毅力同它较量高下，我相信以L姑娘的坚强与毅力，她的明天，会越来越好。

我的朋友K姑娘，她用业余时间上夜校，别人在背后嘲笑她一把年龄还在上学，她轻笑不语，用四年时间拿到专业文凭，而后岗位调升，工资翻倍。我问她，那几年，别人嘲笑你的时候，你真的不在意吗？她笑道：怎么可能不在意，我多少次也差点放弃了，但是我更在意我交出去的学费和我的明天。

生活有多艰难，你就要表现得要有多坚强。

不然，你就会被生活这个猛兽吞噬掉。

我自己曾经也受过太多的苦难，如今想来甚是可怕，不知道当初是如何渡过那些生死难关的，当在生死边缘上挣扎时，我选择的是生，而不是死。死并不可怕，而努力地活着，才是真正的坚强。

我看到那些说女人不要太要强和坚强的话，就觉得很可笑，当你觉得某个女人太坚强要强的话，那一定是因为你没能懂得她，也没能在她的心里。

所有的女人，都不可能是生来坚强的，只因为生活让她坚强、环境让她坚强，她若是不坚强，又懦弱给谁看呢？

那些可爱善良又坚强的姑娘们，因为懂得了生活的苦，才会理解坚强的美。

可能我们都不像外表上那么坚强，但是，如果生活让我们坚强，那么，我们也终将会坚强下去。

即便酸甜苦辣
百般滋味，我心依愉悦

有时候，人就是这样的不可理喻。没有钱的时候，想着过有钱人的生活，待到有了钱，又时常怀念从前贫穷时过的那种简单快乐的日子。而实在要他们过回从前贫穷的日子，许多人就会哇哇大叫，一天都不能忍受下去。

记得两个月前，参加了高中同学毕业三十年聚会，心里就生出了许多感慨。昔日的同学多数都是乡下贫穷人家的孩子，经过三十年社会上的打拼，现在多数的人已经在城市里有了个安稳的家。也许久居都市，突然就想到乡下的好，于是有人建议把高中三十年的同学聚会地点定在乡下一个同学的农庄里，理由是：农庄远离城市的喧嚣，空气好，风景好，最重要的是同学的农庄里有城市里吃不上的绿色蔬菜和无公害的鸡鸭鱼肉还有天然的水果。

那天十几辆小车浩浩荡荡地来到了这位同学的农庄，队伍可谓壮观，个个精神饱满，行囊还没有放下，就有人迫不及待地找梯子摘树上熟透了皮色变得暗黄暗黄的黄皮果吃，据说这种色泽的黄皮果最好吃；大家一边吃着酸酸甜甜的黄皮果子，一边看着农庄里放养的鸡鸭鹅在宽大的果树林里和草地上闲庭信步，那种心情仿佛回到了田园诗画的世界里。饱餐一顿黄皮果后，个个都跑去鱼塘里垂钓，当看着一条条就有好几斤重的草鱼、罗非鱼、鲶鱼，被鱼钩带上岸上还活蹦乱跳地挣扎一番时，总听到有人一阵阵激动的欢叫声，此时的心情好似让每一个人都变得年轻活力起来。

这种美过神仙的日子过上了两天后，尽管开农庄的同学极力地挽留，但

是还是没有留住其中的一个人。当回城里的车子一动，大家都义无反顾地钻进车子里，绝尘而去，回到城市的万丈红尘中。

像这种口是心非的事情，生活中真的不胜枚举，说多了你都觉得人都是那么的虚假，如果你真的这样认为，那就大错特错。其实许多人都不知道，人生是一个历练的过程，不是一个目的，因为我们不懂这个原则，所以我们脑子里就有了许多的妄想。妄想着一切都能达到自己理想的目的，就会一劳永逸，殊不知人是一个欲望动物，活着就永无止境，不管前方的路是如何的陡峭曲折，都不能让人停下行动的脚步，也就因为有这种向上拼搏的精神，生命赋予了人生的许多经历，这种经历才让人活出了淋漓尽致的意义。

真不要认为住在繁华的都市，觉得它嘈杂、空气混浊，就想去风景优美的乡下居住，人只有经历后才会务实，乡下并不是人间的天堂，因为乡下的寂静让你不得不怀念城市的喧嚣；城市也不是人间的地狱，没有喧嚣就没有城市的繁荣，久居都市之人真的要回归乡下田园的寂静生活，没有一番超人的毅力就轻易不要做出草率的决定，因为城市的一切都已经渗透进了人的骨髓里，久居城市的人已经离不开入夜里的霓虹闪烁、离不开城市里鼎沸的人声，更离不开道路车子和各种通讯媒体给人带来的便捷。

这就好比在宇宙世界里，让人赖以生存的本是阳光、空气和食物，然而人类时常赞美的却是月光和星辰。月光下漫步，月光下的遐想，对人类而言，好像真正的美好回忆都在这些无关的东西上；反觉得太阳过于毒辣而对它有过多微词，但是几天不见太阳心里就开始烦躁不安起来。这都是因为人生活在碌碌的红尘中，现实是残酷的，只有在虚拟的世界里漂浮着，心才能得到释放。

又比如：很多人真的不明白，一位作家整日孜孜不倦地坐在书桌上埋头写作，他真的很需要那笔稿费过生活吗？一位老翁，冒着大雪，独坐在河岸上垂钓，身子冷得瑟瑟发抖，他真的急于吃鱼吗？我想，都不是，他们真正追求的是在自身的体验中能给心灵带来那一丝愉悦。

所以说，人活在这个世上，要不停止地去尝试不同的生活经历，只有经历了生活中各种酸甜苦辣，人生的意义才体现出来，瀑布和一潭死水不同的就是一个有陡峭的坡度，一个是光滑平稳的平面。瀑布因为有了高度，而显得壮观大气磅礴，死水因为平稳没有起伏而成为一潭无法流动的死水，最终发臭蒸发消失。人活着也只有像瀑布一样，让自己达到里一个陡峭的高度，人附丽于这个高度上，心情才会升华到一种状态。

将苦难的沙 浇灌成闪耀的珍珠

[1]

那时，正处在人生挫折期的他，请教一位长者，如何去战胜人生的苦难？

长者说，看看旷野中的树吧，看懂了它们，就知道如何去战胜人生的苦难了。

他看着旷野中的树，可并不能看明白什么。

长者说，在烈日下，在冰雪中，树有房子为它们遮日御寒吗？在风暴中，在雷雨中，树可以拔腿就逃吗？不能，树没有房子，没有腿，它们无法回避，无法逃离，它们只有独自承受，独自与苦难抗争，正是这种对苦难的承受和抗争，使它们变得更加坚忍和强大。也许，这就是树能活上千年而人难以活过百岁的原因吧。

当他再去看那些旷野中的树，看着那些没有房子没有腿的树时，似乎明白了许多。

[2]

邻居家的房前有两棵树。为了方便晾晒衣服，邻居在两棵树间挂了一根铁丝，铁丝的两端分别在两棵树的树干上各箍了一圈。

随着树干的长粗，铁圈越箍越紧，慢慢地勒进了树里。再后来，铁圈越勒越深，树干被勒出了一圈深深伤痕。到最后，铁圈竟完全长进了树里，看不见一点铁圈的痕迹，只是在树干的表皮留下了一圈淡淡的疤痕。那时，每次我看到这两棵树，我就担心它们会不会被铁圈勒死。可一直到现在，这两棵树不但没有被勒死，反而越长越高大，越长越枝繁叶茂。

随着我年龄的增大，随着我对生命和苦难理解的加深，我似乎明白了其中的一些道理。对于这两棵树来说，当它们无法摆脱苦难（铁圈）时，它们就用生命去包容苦难（铁圈），把苦难（铁圈）“长”进生命里，把苦难（铁圈）看成是自己生命的一部分。

当我们无法回避苦难时，去学会像这两棵树那样，去正视苦难，去用生命包容苦难，把苦难“长”进生命里，把苦难看作生命的一部分，这不仅有利于我们生命的成长，而且还会让我们一路走向坚强。

[3]

很多甘甜的果实，其果核却是苦的。

一颗苦涩的核，为什么能拥有甜美的果肉呢?

直到我读到一位诗人的诗句，才有所启悟。诗人说：每一颗珍珠，都有一粒痛苦的内核。

诗人的话，让我想起了小时候。那时，见圆圆的珍珠，像是一粒粒种子，于是，便把珍珠作为种子种进地里，并不断地给它浇水、施肥，祈望它长出一棵珍珠树，结出满满一树珍珠果。而母亲告诉我，珍珠不是地里种出来的，不是浇水浇出来的，不是施肥施出来的，不是关爱呵护出来的，而是蚌经受千般痛苦，用生命的心血把一粒粒制造苦难的沙子变成了一颗颗闪光的珍珠。

对珍珠来说，那粒痛苦的内核，就是给它灾难、给它不幸、给它泪水的沙子。但你再看看珍珠的表面，像不像一张灿烂的笑脸？

哦，我明白了，当你用欢笑包容泪水，用快乐包容痛苦，用喜悦包容忧伤，你就能成为一颗光彩夺目的珍珠，成为一枚甘甜美丽的果实。

总有一天，你会被世界温柔以待

想去的地方，都有一段特别难走的路，这段路会让我们感到迷茫、痛苦和绝望，但我们选择继续前进，是因为这个世界有我们爱的人，所以它值得我们用情至深。

我们都这么努力地活着，大多时候，我们都是为了自己爱的人，和爱自己的人。我们要感谢那些给予自己爱和力量的人，同时也要感谢自己有承担爱和责任的勇气。

[1]

工作多年后，许哥拖家带口回到学校读研究生，我是佩服的。

在校园碰见了许哥，许哥瘦了许多，脸上是明显的疲倦。

细问之下，许哥的父亲得了胰腺癌，住在老家的医院。

许哥是独生子，在学校和老家之间奔波，许哥重返校园，没有了收入，家里的收入都靠着爱人，爱人不能辞职照顾父亲，儿子才两岁多一点，时不时又生病，研究生二年级，正是科研任务最重的时候，所有的担子都压在了许哥的身上。

家里、医院和实验室的三重压力，虽未能感同身受，但可以肯定，许哥一定很累，身体和精神上的。

不知道该怎么安慰，许哥似乎明白我想表达的意思，他说："挺过去，会好起来的。”

几个月后再见许哥，虽然疲倦依旧，但是许哥眼神明亮坚定。他没有被眼前的困难打败。

[2]

一起在网络写小说的强哥，说他出山写小说了，新书是军事类的。

“这次我是认真写的，因为我需要钱。”强哥说。

以前写书，我们都是写着玩，因为看了太多的小说，所以就有了写小说的想法了。

我看了他写的书之后，发现确实是下功夫了，更新很稳定，成绩也不错。我问他，你每天更新这么多字不累么。

“我谈了个女朋友，快要结婚了，我要攒钱，厦门房价这么高，我工资不够啊，所以写小说赚点钱。”

强哥是在一个工地做监督，工资确实不是很高，现在他每天晚上趴到自己的小房子，要写四五个小时，每天晚上都要写到凌晨一两点，一个月能赚3000多块钱的稿费。

“哥会努力成为大神的，我会坚持写下去的！”强哥意气风发地说。

[3]

晚上十点多，有点饿了，推开窗户，从24楼伸出手，探探外面的温度。

有雪，落在指尖，很冷。纠结着是忍着饿去睡觉，还是以英雄的姿态，睥睨风雪，下楼搞点吃的。

换上鞋子，匆匆出了小区，就看到烤红薯的大爷还在那里。

挑了一个红薯，黄瓤的，8两，4元钱。

闻着焦香的红薯，手也是暖暖的。

“大爷，你咋还不回去，雪这么大。”

“就剩两个了，卖完就回去，呵呵。”大爷笑着，搓着手。

[4]

一个在五道口上班的同学，说她上班的前半年，还在实习期，工资比较低，就住在昌平。每天早晨6点多就要爬起来，然后挤公交，挤完公交挤地铁。

北京高峰期的公交，那是要命的拥挤，用“把人都挤成肉夹馍咧”来形容，一点也不为过。

她说，每天四个小时都用在了公交上，晚上回到家里就感觉虚脱了。

为了省钱，晚上在出租房中炒好菜，蒸好米饭，用饭盒装好，第二天早晨带到办公室，中午用微波炉热一下，就当午饭了。

那段时间，常常躺着床上哭，她一直怀疑留在北京，是不是一个错误的选择，这样的生活一直持续了半年。

转正后，工资高了，也攒了些钱，才在市区租了房子。

“工作和生活终于走上正轨了，不用再那么辛苦了。”工作一年之后，她发来消息说。

[5]

我一直觉得，自己毕业论文最动人的地方，应该是自己写的“致谢”了。

我就是那个在毕业论文“致谢”中感谢自己的人。

“致谢”是毕业论文中唯一感性的部分。而其他部分，必须逻辑严谨，用词准确。

记得写完毕业论文的最后一个字，是凌晨一点多，那个时候，我唯一的感觉就是想冲出寝室，跑到外面大喊一声：“终于写完了！”

冷静之后，我开始写“致谢”部分，十年求学的经历在脑海中一一浮现。

在“致谢”的最后，我写下了这段话。

“七万余字，历时千日的文献阅读、实验、思考和撰写，感谢自己能够不忘初心，一路坚持。”

[6]

一生中，我们会遇到很多的困难，如亲人生病，像许哥那样；如经济困顿，像强哥和同学那样……

有些人不堪重负，选择了逃避，或者选择极端的方式结束生命。而我们却一直坚持，一直努力。所以我们应该感谢自己，在这个荆棘丛生的社会，感谢我们的隐忍、努力和拼命。感谢自己面对嘲讽、背叛、谎言，能够哭了之后，再次微笑。

感谢自己一直坚信，只要努力，总有一天会被这个世界温柔以待。

每一段艰辛的路程
都有意想不到的收获

小时候，我常溜进小区旁边的体校里玩耍。放学后的大半天时间，有好几个方阵的学生在那里训练。无论是寒冬还是酷暑，上来20圈热身运动的是田径队，杠铃举到鬼哭狼嚎，俯卧撑做到痛哭流涕的是举重队，我最喜欢看的是跆拳道实战，每次都躲在厚厚的绿垫子旁看她们训练。

那是暑假里的集训，十几个女孩子在教练的号令下分成两队自由对打。突然，教练对着一个懒散的梳着羊角辫的女生暴跳如雷起来，女生也吓了一跳，不好意思地低下了头，但动作依旧没有达标。

教练迅速让其他队员站成一排，和羊角辫逐一对打起来。我看着她像一只慌乱的小兔子，忙不迭地躲避着对手毫不留情的袭击。刚到第三局，她就被一个下劈掀翻在地，抹着流血的嘴唇嘤嘤地哭了起来。

教练示意继续。下一个对手便又虎视眈眈地站到了女生的对面。

来不及擦一把泪水，小女孩儿又披挂上阵了，这一次，她被踹倒在地，好半天也起不来。

她痛苦地蜷缩着身体，整个人扭曲成一团，嘴里发出呜呜的哀号。我躲在暗处，吓得连大气都不敢出，一颗心悬在半空。忽然觉得喉咙像是被什么东西哽住，撕心裂肺的疼。

教练几步走上去，检查了一下，便一把把她薅起。让下一个学员继续上场。小女孩儿像疯了一样毫无节奏地乱踢乱抓，我看着她像一头孤军奋战的小鹿，梗着脖子求一条生路。教练的眼里满是冷漠，一努嘴，对手便心领神会地冲了上去。

我眼见着她一次次倒地又爬起，汗水裹着泪水怎么抹也抹不干净。终于有一次踢到了对方的脸上，教练做了个拍手的姿势以示鼓励。小女孩儿愣了一下，咬着牙又冲了上去。

这一局她赢了，今天的训练也结束了。

大家互相鞠躬拍手，感谢教练和队友，然后小女孩儿褪下了身上的护具，一瘸一拐地走到了角落深处。我亲眼看见她把头扎进手臂里痛哭，整个身体剧烈地颤抖起伏，却把号啕死死地锁在喉咙中。我好想走过去抱紧她，告诉她她不孤独，还有一个陌生的我在另一个角落里陪着她抹眼泪。可我终究没有唐突，眼见日薄西山，只好咬着嘴唇黯然离开。

等我在拐角处最后回望，筋疲力尽的她也终于捋着头发爬起身来，步伐沉重地往楼群走去。

我们的人生有多少这样的困境啊，看得见或者看不见的对手如潮水般涌来，打到我们没有力气招架，可是心里总有那么一个声音告诉自己，别趴下，别趴下。

几年后，我故地重游，体校教学楼的外立面正在翻修，操场上暴土扬尘，一片狼藉。几台健身器材堆在大门口，锈迹斑斑。我忽然看到院墙外面的宣传栏里新贴着几张巨幅海报。其中一个女生身穿道服，笑靥如花地咬着一块亮闪闪的金牌。我恍然大悟，原来这就是那个在角落里痛哭的小女孩儿。

她的眉眼如昔，可纤弱中带着一股不服输的倔强和坚强。还有什么比这个更激动人心的吗？我想起了家里老人常说的那句话，这世间的苦，你不会白受。

从去年春天开始，我下定决心要健身。因为连续加班熬夜，出差开会，我深深地感到机体免疫力的下降。头经常会莫名地疼起来，疲惫感不断涌起，还有恼人的溃疡三不五时就会从嘴里冒出来。

我打定主意，为了自己为了家人，这次说什么也要坚持下来。白天的时间太有限，思前想后我选择了夜跑。考虑到距离和安全，我决定先在小区的道路上练习。每到夜幕四合，我安顿好家里的一切，就换上跑鞋和运动服一边给自己打气，一边做准备活动。小区的南面是一大片儿童乐园，里面人头攒动，非常热闹。我大口喘着粗气和散步的老人们擦身而过。

初春的风有一丝清凉，调整了呼吸，越跑越觉得舒畅。我慢慢地远离了人群，往北面的灌木丛冲去。忽然，在拐角处，一个人影突然跳动，吓了我一大跳。

我们都在昏暗中站定了几秒，谨慎地打量了一下对方。他先打破了沉默，怯生生地说："对不起，我在这里练习颠球。"我这才发现，灌木丛后面有一小块空地，正好不被打扰。我也忙自报家门："没事，你练吧，我夜跑的。"

我隐约觉得他点头的时候笑了笑，但也许并没有。总之，短暂的交流后，我们又各自开始了自己的项目。从那天起，每次夜跑，我都能看到身形瘦弱的他，躲在灌木丛的后面悄无声息地练习，风雨无阻。练着练着，我们似乎成了并肩作战的友军，身后的喧嚣譬如朝露，只有我们两个在暗夜里互相呼应鼓励着。

到了深秋，有好几场大雨，老公说什么也不让我出来了。我站在卧室的飘窗下，看着淅淅沥沥的雨滴穿梭在天地间，不知为什么想起了灌木丛中那个倔强的身影。不到半年，他的技法已经非常娴熟了，即使是惊鸿一瞥，也能感觉得到，击球的声音不再断断续续，球也极少有失控滚出草丛的时候。

而我呢，跑过了春夏秋三季，流了无数的汗，也叫过苦喊过累，赌气要放弃。可想到不远处还有一个小小的不屈的身影拼搏着，便又有了一种我道不孤的自豪感。8个月的夜跑外加半年的艾扬格瑜伽，我不再气短胸闷，力不从心了，更难得的是还成功减去了10斤赘肉。

最初的那颗火种已经是星星之火可以燎原。当你成功地坚持了一件事，就像是获得了一条隐秘的小径，让你穿过无聊的现实、荒草和雾霭，来到了一个开满鲜花的庭院。坚持这件事最有益的指导是，它让你在奋斗的过程中充分地了解了自己，掌握了控制自己脾气与惰性的那把钥匙。它让你知道自己什么时候要减速，什么时候要冲刺，什么时候最难受，什么时候想放弃，然后知己知彼所向披靡。

除了坚持夜跑，我又开始学习英语。我像个卧底，日日夜夜隐秘地生长。虽然我的工作暂时涉及不到外文，但我下载了单词APP，每天强制自己背30个单词，不背就无限提醒死循环。每天上班和下班的路上，一定是挂着耳机，一般都锁死一篇文章力争听到每一句话都明白，所以常常是两个月了我还在听同一篇。我在网上找到了一位专门教口语又物美价廉的菲律宾老师，和她商定每天聊天一小时。刚开始的时候，我听不懂长句子，只能从天气和爱好聊起。而且我的词汇量也撑不起60分钟的课堂，所以每次上课前我都必须先查字典抄美文，准备出长长的几段英文来扩充发言的时间。慢慢地，我开始有能力和老师展开辩论了，又过了一阵，我发现一个小时实在太短暂了。这期间我也曾沮丧过、失望过，想过放弃。但老师鼓励我学语言从来就不是一蹴而就的，语言就像流水一样不断变化，不要给自己太大压力，只要每天上课练习，享受学习就可以了。因为时间看得见，你把它种在哪里，哪里就有收获。

我们很难说这一段坚持能改变多少我们的命运，但可以肯定的是，每一段经历都是难能可贵的礼物，每一次努力都有着讳莫如深的意义。如果那一年，角落的姑娘没有坚持下来，做了赛场的逃兵，就不会有后面重绽笑颜的获奖照片。如果那时我任由身体肥胖，体质下降，也许到现在还是一个病恹恹的亚健康状态。还有那个灌木丛里埋头苦练的小男孩儿，虽然我不知道他为了什么，可我肯定的是，他吃的苦受的累，都会变成有益的养分。

2015年10月，单位选派人员去洛杉矶考察。本来与英语没有交集的我因为口语流利意外杀出了重围。在我刚开始学英语的时候，办公室的人都笑我又和工作无关又浪费时间，还不如追追韩剧，放松下心态。当时的我，并不知道学英语对我以后的人生有何意义，就像在走一条漆黑又漫长的隧道，停下来就只能永远待在原地，往前走走也许就会找到出口。

人们都说命运诡谲，沧海桑田。可我总觉得有一些东西是恒定的真理。那些吃过的苦，受过的累都是他日成就自己的倚靠和积淀。世上没有免费的午餐，这话很对，每一个东西都有隐含的价码，得到也意味着失去。同样，每一段艰辛的路程都有其意想不到的价值，付出必伴着收获。

天大地大，难一下又如何

《岛上书店》有云，每个人生命中，都有最艰难的那一年，将人生变得美好而辽阔。

当听到C跟我说，今年是她人生中最艰难的一年的时候，几乎让我有了放弃跟她继续交流的想法。

你人生才到哪啊，这就最艰难的一年了？

C是我的新同事，今年刚毕业，六月份进的公司。她是一个特别乖巧的女生，就像《欢乐颂》里的关关一样，说话轻声细语，工作认真，很少出错。

有一天她突然跟我说要请一星期的假，理由是身体不舒服。细问却又什么都不肯说了。这一整天上班她都一直心不在焉，时不时地走神。因为跟我算半个老乡，所以对她也比较照顾，等到下班，我就问她发生了什么事情。

她说："我想回老家了，一个人在外面好累。"

C和男友一毕业就坚决不啃老，不顾家里人的反对，来到上海，想做出一番事业。

上海的物价让刚毕业的他们备感艰难，每个月除去房租，工资就剩下一半不到，每天精打细算还是不够用，吃顿泡面都觉得奢侈。去买衣服首先就是偷偷看吊牌上的价格，超过三位数的，连试都不敢试。虽然日子过得紧巴巴，可有了男友的陪伴，也就不觉得有多难熬。

然而几天前，男友突然跟她说要回老家了。

男友说毕业后回老家的朋友现在车也买了，车还是奔驰的，省城的房子首付也付清了，现在就等年底结婚了。而他呢？当年成绩比别人强可混到现在，连去个像样点的地方吃饭都吃不起，更别说车房和车。

C停了一会，继续说道：

“前几天，阿姨给我打电话，问我什么时候回去看看她。聊了几句之后，阿姨没忍住，还是跟我说了实话。其实这电话是我妈让她打给我的，我妈知道我不想回老家工作，又怕打电话让我不高兴。阿姨最后说，有空就多回来看看，你妈一个人挺孤单的，头发又白了不少。”

说着说着，C就红了眼眶。我忽然发现，柔软的表面下，C其实比我想象中勇敢，小小的肩膀上承担着这些种种。

“失恋、没钱交房租，想家了又不能回，我想这就是我一生中最艰难的一年吧。”

我说，不是。因为你永远不知道命运会在什么时候给你一个更艰难的一年。

C笑了：“没想到还有这样安慰人的。”我也笑了，给她讲了一个故事。

“大龄文艺女青年阿米莉娅，数次恋爱都以失败告终，但她依旧乐观地坚定着要找一个志同道合的人。她说：跟一个情不投意不合的人过日子，倒不如一个人过得好。书店老板A. J. 费克里，中年丧偶，书店危机，最值钱的财富还被盗。他的人生陷入僵局，他的内心沦为荒岛。但他却选择将被遗弃在书店的女婴抚养长大，过着简单充实的生活。”

“还有这样的故事，不会是你编的吧！”C好奇了起来。

“当然不是，”我笑道，“这是《岛上书店》这本书里的故事。每个人的生命中，都有最艰难的那一年，将人生变得美好而辽阔。曾经，我也有一段艰难的日子，在我快要熬不下去的时候，是这本书让我有了笑对生活的勇气。”

C对我嘘了一声说，“那你最艰难的一年是什么时候？”

我是2011年毕业的，孤身一人来到上海，刚出社会很迷茫，不知道做什么，就随便找了一家广告公司，一直做到2015年。

那一年我升职加薪，管着十多人的团队，结婚也提上日程。然而没多久，由我主管的项目，接连被竞争对手以稍低一点的报价给抢走，随后又被人举报私自拿回扣，男友也被发现一直在劈腿。不到一个月的时间，我的事业、爱情全部没了。

那段低潮期，维持了有半年之久。我坚信，工作丢了，可以再找，失去了爱情，也一定会遇到更好的。熬过了最艰难的那段日子，我进入了现在这家公司，依旧管理着十几人的团队，还有幸遇到了现在的先生。后来之前那家公司，发现向竞争对手透露报价的是另外一个同事，还打电话叫我回去，但我拒绝了。

每个人的生命中都有最艰难的那一年。与其沉浸在艰难和痛苦之中，不如怀着希望的心，踏踏实实埋头生活，爱你该爱的人，做你想做的事，保持一颗坚定不移的心。也许在猛一抬头的时刻，发现原来阳光灿烂。

一星期后，C回来了。她说，还是要努力工作赚钱，这样才能更自由选择自己想要的生活。

每个人的生命中，都有最艰难的那一年，将人生变得美好而辽阔。

这世界天大地大，想通以后，你会发现自己过得比以往任何时候都自由而轻盈。

那些阻碍，多半是假象

叶子是我的好朋友，西安人。

她喜欢上海。她说，在很小的时候看过一个纪录片，有上海里弄，有外滩夜景，有复旦的草坪，有上交的梧桐，从那时起就深深爱上那座城市。

后来她去过很多次，还是一如既往地喜欢那座和家乡感觉完全不一样的城市。

当年考大学的时候，叶子想要报考上海的大学。但是当时父母想让她留在西安，就在西安读了大学。后来想要考去上海读研究生，那一年妈妈生病住院了，虽然不是很严重，但是让叶子打消了去上海的念头。

研究生毕业找工作，叶子看了上海的公司，但是考虑到男朋友在西安，爸爸妈妈年龄也大了，就顺理成章地留在了西安工作。

今年春天叶子借参加“设计上海”的展览之名，在上海停留了半个月。上海已经不是她小时候看的纪录片中的模样，但是叶子确定那还是她想去的地方。

纠结了几个月之后，叶子忐忑地跟家人和男朋友商量，去上海工作生活一段时间。

“他们竟然都没有反对！”叶子说，“我甚至有点怀疑是不是他们根本就不在乎我。爸妈问都没多问，说只要我不后悔就行。男朋友问清楚了状况，还说如果我决定在上海发展的话，他可以考虑把自己的业务转移到上海。”

我隔着电话听筒，能感受到叶子的欢乐。

挂掉电话，叶子给我发来一条信息：

一直阻碍我去上海的，不是别人。如果当时勇敢一点，考大学的时候我就报考到上海，现在会是什么情况？

我不知道如果当年叶子去上海读大学，现在会是什么情况，我只知道当年若叶子报考上海的大学，她的父母挣扎过之后也会支持，就算有点担心，也不会以爱的名义阻碍叶子追求想要的生活。

有时候，我们把身边人假想成为一道道坎儿，横在我们想要走的路上，于是自以为是地改变了方向。

回过头来看，阻碍我们的，从来都不是别人，而是自己内心的不坚定。

遵从自己内心的选择，也许会影响到周围的人，但是我们常常低估了他们的接受力。

尤其是我们在乎又在乎我们的人，并不会强力干涉我们去做真正想做的事情，哪怕看起来不合常理，哪怕在他们的理解范围之外。

一个朋友Q聊起来她当时决定吃素，想了很多：如果和无肉不欢的客户吃饭，岂不是会影响合作；跟朋友一起吃饭，友谊的小船会不会说翻就翻；回到家里爸妈知道了，会不会特别不理解。

事实情况是，和客户吃饭的时候Q说明自己吃素，客户没有表现出一点惊讶，点了荤素搭配，或者干脆大家都吃素，并没有什么不愉快。

Q跟朋友吃饭就更简单了，大家连为什么都没问，每次吃饭也会记得Q吃素，确保不是全荤，相安无事，照样吃得欢天喜地。

Q最纠结的是怎么跟家人说明白。过年回家的前一天，她甚至想象了爸爸审问她到半夜，吃素有什么好；妈妈会给她做一盘红烧肉放她面前，都这么瘦了还吃素，别发神经了。

然而回到家，Q和爸爸妈妈、爷爷奶奶，还有哥哥嫂子一起吃饭。Q说自己吃素，然后扫视了一圈，发现大家并没有停下手中的筷子，照常吃饭。

Q对我说："我看着他们甚至眼皮都没抬一下，多少有一种失落感，觉得自己太不重要了。不过想一想，正是因为在他们心中我很重要，我做什么样的选择，在他们看来才不那么重要，我乐意就好。"

的确，当周围的人明白我们能为自己的生活负责时，他们会顺理成章地接受我们为自己安排的一切。毕竟，没有人会逃避幸福，每一个人选择怎样生活、和什么样的人交往，都是在追求自己想要的人生。

我当时决定考研的时候，距离考试不到两个月时间。

一边查看报名流程，一边准备复习资料，但是内心是纠结的，不知道怎么跟大家说明白，也忐忑他们会不会反对。

回学校读书的风险和成本我都考虑很清楚了，剩下的问题是，领导会不会同意，家里人会不会同意。

当时正好妈妈在西安陪我，我回家甚至都不敢看她的眼睛，好像自己做了亏心事一样。报名表提交之后的那天晚上，我到妈妈房间，告诉她我报名考研了，准备回学校读书。

妈妈没有我想象中的吃惊反应，只是说你想考就考吧。然后跟我聊了很多和考研不相关的事情，也说起我的小时候，仿佛时光回到了十几年前。聊到很晚，妈妈拉着我的手说，如果你想好了，就去争取吧，妈妈支持。

"妈妈支持"，这简单的一句话，于当时的我来说，是一股说不清楚的力量。

领导们知道后有一些意外，但都没有为难或者阻碍的意思。他们在随后的复习过程中，还给了很多中肯的建议。

朋友帮我分析完利弊关系之后，并没有泼冷水，看到我心思已定，也是全力支持。

虽然时间很短，很幸运，我顺利通过初试和复试。如当初所愿，可以又一次踏进校园。我发现家人为我骄傲，同事和朋友是真心祝贺。

很多事情都是如此。如果你想做，大家都会成为帮助你的人。

有时候，我们陷在自己给自己设定的困境里，以为周围人会不理解，纠结不已。回过头来才发现，在乎我们的人，比我们想象的更包容；不在乎我们的人，比我们想象的更随和。

其实刚工作的第二年，我申请过去英国读研。当时全家人一致反对，两个理由，一是一个女孩去那么远的地方不放心，二是年龄不小了，先恋爱结婚再考虑深造。

当时跟领导提及此事，先是各种婉拒，再是说工作安排不开，态度强硬，找领导写推荐信也是百般为难。

现在想来，导致我最终放弃的，是我自己，不是别人。就算有家人和领导的一时“为难”，决定放弃申请的是我。是我不愿意舒适圈的那份懒惰，是当时的那份胆怯和对未知的恐惧，是我不能明确知道自己想要什么。

只有当一个人知道想要什么的时候，别人的意见不会成为阻碍。能不能做好一件事，就看我们愿不愿意把自己放在一条非走不可的路上。如果自己能把握好航向，别人给的“耳旁风”都会是顺风。

毕竟，爱我们的人不会阻碍我们的幸福和快乐。不爱的人更不会。

那些来自别人的阻碍，多半是我们自己假想的。

父母本来应该是我们最坚强的后盾，不应该扮演着反面角色。和父母之间的沟通，并不如想象中的那么困难。因为终极目标是一致的，他们希望我们幸福快乐，剩下的就是让他们明白，我们怎样才能幸福的问题。

最好的恋人，是彼此成就。成年人终究会明白一件事，爱一个人最好的方式，不是用自己觉得好的方式，而是让对方觉得舒服的方式。沟通妥当，彼此成就会是最明智的选择。

同理，真正的朋友会理解我们心中的爱与恨，理解那份执着与不舍。关键时候，不必两肋插刀，至少彼此尊重和支持。至于那种“我希望你幸福，但是不要比我幸福”人，不必考虑。

路人的各种说辞，就更不需要当作“阻碍”。我们生活得好或者坏，在路人看来都只不过是一种谈资而已。看完热闹，就散了。“大家都很忙，你没那么重要。”

能阻碍我们的，从来不是别人。

如果有一件事情特别想做，但还是退缩了，不是因为别人，只是来自内心的胆怯或者不情愿。

正如当时知道准备考研时，弟弟一字一顿地跟我说：“你是大人了，想做什么我们都支持。你现在只用考虑清楚一点，这是不是你真正想做的。”

就这样，凡事只要考虑清楚是不是我们真正想做的。如果是，全世界都会让路。没有谁会乐此不疲地阻碍一个人去争取让自己更幸福的生活，家人和恋人更不会。

如果你乐意留在十八线城市的家乡，父母不会把去大城市追逐未来的愿望强加到你头上；

如果你确定和一个人在一起会幸福，周围的人即使不理解，在清楚你的感受之后也会给予真心的祝福；

如果你想要把自己的兴趣爱好和事业发展结合到一起，爱你的人会给你足够的支持和鼓励……

也许，所有的感情到最后都凝结成一点：你愿意就好——如果你这样做快乐，并且有能力对这一份快乐负责，我便和你站在同一边，不阻拦，不干涉。

第五辑

有教养地
去追逐成功

如果你选择了做更好一点的人，那就再努力一把，去过有教养的生活。这种生活不需要别人下定义，甚至不需要让不相干的人知道，你只要坚持做最忠诚的自己，安静又骄傲地绽放在自己的春天里。

只要内心足够坚强，你就无须讨好所有人

进入职场的第一年，很多人提醒我要保持低调千万不要树大招风，于是我就安静地做一个职场小白，尽量不跟任何人起冲突，分配下来的事情也会一一完成没有抱怨。然后有一天，我的领导找我谈话，建议说我太低调太沉闷了，说部门招我们这一批应届毕业生进来，就是希望能活力四射一些，也可以活跃团队的气氛。

领导还说，你看跟你一起进公司的那个谁谁谁，他如今就已经开始接手一部分的重要工作了，你应该像他一样多发言多提建议多表现自己，不然你的职场之路是很难走的。

于是后来，我开始要求自己尽量多表现一些。比如领导分配工作的时候能主动揽活，比如部门分享活动的时候多跟同事互动，比如把自己的日常工作经常写邮件跟领导汇报，可是当我发现我沉浸在这些希望讨好同事以及领导的过程后，我逐渐变成了一个很是焦虑的人。

隔壁桌的同事今天的表情不对，我就会怀疑是不是自己今天打开水的时候没有跟她打招呼；领导把我昨天写的方案退回来是不是觉得我写得一塌糊涂；还有跟隔壁部门同事沟通工作的时候，我总是会提前在心里问一遍自己，我最近有没有在开会的时候反驳过他的建议让他不高兴了？

这种感觉让我开始对职场产生恐惧，有段时间一度走进公司门口打卡的时候，我心里就一直忐忑：天啊！我祈祷今天不要让我太累心，最好隔壁同事

请假没来就好了，最好领导出去见客户就好了，这样我就不用为了让他们对我满意而绞尽脑汁了。

这种状况持续了很长一段时间，我没有办法跟身边的人说出我的焦虑，有天夜里我突然想起我大四那一年去北京报社实习的经历。

当时负责排版的老师是一个肉嘟嘟的男生，我已经忘记他的名字了，就叫他小K老师吧。

小K老师很有耐心，一个版面会有很多篇稿子，每一篇稿子的采访记者都会来跟他打交道，要求加一句话改几个字或者是一个标点符号，有时候会精确到标题要加大一个字号，他会一边嚼着口香糖一边哼着歌，嘴上一边说着“别急别急，慢慢来……”然后手中的键盘飞快地切换着快捷键，三五下就把一个整齐的版面搞定了。

剩下的空闲时间，小K老师会一个人玩植物大战僵尸，而且是一空闲下来就玩，哪怕是等着一个记者上卫生间的三五分钟，他也会把刚刚排版的窗口切换到游戏这边抓紧玩一下。

我有一次实在忍不住了就问他为什么，他给我的回答是，我的手需要保持敏感度，这样才能保证新闻版面排版的速度与质量。玩大战僵尸时，每一次他都会用不同的策略去尝试，这样还能保持头脑接收信息的反应速度。

那应该是我第一次听到有人玩起游戏来还如此有理有据的，而且还是在工作时间。

但是后来有一次的事情给我印象深刻。那天晚上我们在值班，突然收到通知说某个新闻需要撤下来，于是值班的记者开始紧急安排替换的稿子，然后重新排版，但是却发现按照这个速度排版下去，那是等到明天早上稿子也出不来了，于是有人提出打小K老师的电话请求帮忙。

不一会小K老师来了，也是好脾气慢悠悠地坐下来，然后移动指尖几下就搞定了。那一刻我看到其他记者拿着版面飞快地拿去审核，再看到周围一众人大大松了一口气之余不停地向小K老师表示感谢。

那一刻我突然明白了一件事情，小K老师拿自己的专业技能赢得了别人的尊重。

也是因为这样，于是我回想起来他每次因为不喜欢运动，就很直接地拒绝办公室举办的那些篮球赛、羽毛球赛，还有就是他每天慢悠悠地在办公室里穿梭，然后安静地在座位上玩游戏，也不需要跟同事打成一片，但是身边的同事每次都会对他客客气气，因为他们每天都在等着小K老师帮他们排出漂亮的版面来。

于是从那以后，我开始集中精力于我的工作本身，我做好每一个月两期的策划专题，跟客户打交道的时候尽量留下文档笔记，好最后能够统一整理文件，跟其他部门同事沟通的时候我也通过邮件提出需求，实在不行需要当面沟通的时候我也会先把事情来龙去脉解释清楚，然后提出几个选项好让他配合我的工作。

当然工作中难免遇上情绪化的时候，我就告诉自己这只是一份工作，我没有必要让它毁掉我的个人行为。而且工作是可以换的，也没有必要因为一些沟通上的错位而去讨厌一个人。至于有时候需要做很多看上去很是无聊没用的事情时，我不再抱怨说自己是被逼的，我会告诉自己，那就当练习文笔或者搜集行业信息当长见识了就好。

很长一段时间以来，我虽然学会了不要理会别人那些多余的建议跟评论，我也学会了要建立强大的内心不要去理会那些闲言碎语，但是我依旧会因为周围人的议论而又循环往复地开始玻璃心。

而这一切的根源在于，我根本就没有把建立强大内心这件事情付诸行动，我只是一味地高唱要内心强大，一味地逃避别人的评价，但是却从来没有试着如何去做才能内心强大。

我要行动起来才是。

于是到了这个逻辑环节我才明白，当我开始专注于完善自己当下所要完成的人生事项，我觉得我的生活是有追求的，这份动力不再跟别人的评价讨论有关，我也不需要每天安慰自己要内心强大，我所需要做的事情仅仅是，我用我自己的经历去证明我的逻辑体系是符合我自己的规划的，这跟对错无关，跟别人的人生选择更是无关。

我也开始明白，当我自己内在建立了一套固定的价值观，那么就不会再受到另外一种价值观的强加干扰。

有很多人问过我，当自己不能讨好所有人的时候，要怎么样获得内心的平和，怎么才能不去在意别人的评价，怎么做到有力量去控制自己的行动？

我目前能得到的答案就是，既然别人的闲言碎语跟关怀建议你都没有办法逃避，那就想办法给自己开辟出一条路来。

也就是说，你不光要在心里告诉自己不要在意这些人，告诉自己这些人的人生与你无关，你还必须要让自己做得更好。

你要在你选择的这条路上越走越远，远到他们真的跟你不再是一个世界里的人，远到他们自己发觉这个议论只是自己纯粹的无聊瞎扯。因为你已经看不到他们了，到了这个交叉路口你要走阳关道他要走独木桥了，两条没有交接的平行线，最后的结果是再也不见，耳根清净。

那么问题来了，那这个时候他们干什么去了呀？嗯，他们就会去骚扰另外一个跟他们差不多水平，但是又稍稍有一点特立独行的人了。

期待这一个特立独行的孩子，也能早日脱离当前的困局，跑起来，跑得越远越好。

做一个能接纳他人的修养之人

[1]

大学的时候，周末我都去培训学校给学生上课。每周末，我六点起床，早早地开始备课，乘远郊公交线路去市区。

通常这时候，同宿舍的一个家境不太好的姑娘正懒洋洋地翻了个身，发出几声带着睡意的鼾声，继续睡。

姑娘家贫，每年必申请助学贷款。偏偏我又在助学贷款的审核小组，每次都能看到她那如泣如诉的个人家庭情况。

我很生气：虽然不说我家财万贯，但家庭条件再怎么说也好过你，凭什么我在外面累死累活地打工的时候，你不凭着自己的能力去赚一些钱，却用这些时间窝在被窝里休息、在教室宿舍里看书？

就这样误会了许久，后来在一次聊天中我才了解到她的家庭情况。

家里本来就不怎么支持她读书，复读两年就是已经是仁至义尽了，未来怎么样全靠自己去拼搏了。

可在这个初来乍到的城市里，能言巧辩这类的软实力是个太虚幻的标准，她只能用力把绩点提高，争取考研究生，获得谁也夺不走的硬实力。

“我什么背景都没有，未来到职场上能给我加分的只有我的学历了。”

我只看到的那些赖床不起的早上，却没看到前一天挑灯夜战的夜晚。

我还能抱着“体验生活”的观念去打可能对未来并没有太大意义的零工，她已经要在压力之下开始谋划未来的生活。

她一样在努力，用的是和我不一样的方式而已。

她真的没有办法听我谈那些关于独立的话题，那可能会在她未来的某天发生，但并不是现在。

[2]

真正的修养，是接纳和自己不同的人。

菲茨杰拉德在《了不起的盖茨比》中曾说过一句话：我年纪还轻，阅历不深的时候，我父亲教导过我一句话，我至今还念念不忘。

那就是“每逢你想要批评任何人的时候，你就记住，这个世界上所有的人，并不是个个都有过你拥有的那些优越条件。”

年少轻狂时，爱打诳语：

谁再说某某烂电影好，就拉黑他。

你怎么会看那么肤浅的书，听那种烂大街的音乐？

道不同不相为谋，那么若即若离就好，甚至老死不相往来也好。非要挂在嘴边，就相当于把能力分出三六九等，言下之意是“你不配和我论长短”。

你只知道斥责我的不同，但你不知道我经历过了什么。

而所谓的三观，没有对不对，只有合不合。

有些人，喜欢嘴上说着接纳，背后却暗暗地戳人脊梁骨，遇到事情恨不得用这个标签把对方彻底撇干净，和伪君子无异。

曾经接触过一个单亲家庭的女孩子，从小到大她都要在家长信息那一栏写两个人的名字，身边的人也从来不知道她成长于单亲的家庭。

问及原因，她说母亲告诉她，别人嘴上说着同情你，甚至为此给了你很多好处，如果你是他们的结婚对象，他们就马上犹豫了。

未来婚姻美满，别人会说，她就是太缺爱才会努力维持着这段婚姻。万一婚姻不美满，闲言碎语就更多了。

本来只是一桩平凡事，却在人言中成了缺陷。

她说到这儿，我竟然有些惭愧。平时写文章，有时也会标签化某种人群。

为了显示自己的大度，假装投入欣赏，却在内心里把他们划入另外一个阵营。

[3]

一个好的世界，是给你提供了充分表达自己观点的机会。而一个好的自我，就是当你听见别人和自己有不同的意见时，能不愠不恼，不必强装接受，而视作理所当然。

小到对于一部电影一首歌的评价，大到人性取向、价值观，都能侧耳倾听别人的观点而不去论断错误。

这世上只能用正反、黑白分清的事实在太少，大多都介乎于可左可右的中间线上。

而大多数的“我认为对的”“我认为好的”，不过是站在自我的角度上强行论断。

我特别怀念我第一次从小城市到了北京的感觉。

那时候我还是个小孩子，来北京参加一个书画展览，看到一个佝偻的女人，高度大概到我的胸下。

她是个普通的看展人，穿着一身大红，颈上挂着那时候看起来很昂贵的相机云淡风轻地走过。

没有任何人给她投奇怪的目光——没有人嘲笑她弓着背的样子，也没有人刻意夸奖她的身残志坚。谁都不知道她是谁，也不好奇她是谁。

所有人都是一种司空见惯的表情：不过是一个拿着相机的普通人啊！

那时候还不太清楚“修养”的含义，但我觉得那一刻，在所有看展人脸上写着的就是“修养”。

真正的修养，是接纳和自己不同的人。无论是外在容貌，还是内在观念。而这种修养再说的具体，就是不用这种不同点作为划分人群的标志。

每个站在我面前的人，他首先应该是个普通人。其次，他是一个有自我观点的普通人，这就足够了。

至于观点是什么，实在是不用计较。若能遥相呼应自然极好，若有所分歧，衷心说一句：真感谢你，让我的世界又大了一点儿。

通点情，达点理

小孩子讲道理，叫懂事。

成年人明是非，叫通情达理。

通情达理，不是简单的对与错，而是承认生活是有游戏准则的，懂得并且愿意遵守——有所坚持，有所畏惧。

后来接触到越多的人，经历越多的事，就越能深刻地感知通情达理的重量。

一个朋友跟喜欢了十年，在一起八年的女孩分手，理由很简单，不懂事。

他说，平时在他面前任性也就算了，但是在妈妈的病床边，因为一条所谓的“暧昧短信”，又吵又闹。把她从病房里硬拉出来之后，一切都回不去了。

有一次单位组织方案推介比赛，在公布完分数之后，一位选手对于评分结果很是不满意，直接冲上舞台，对现在的社会和体制一再批判。观众席一阵唏嘘。

批判完之后，他问评委，能不能再给他一次讲解的机会，重新评分。

院长说，机会原本可以有。但是比赛的规则可以破，做人的规则不能破。也许你现在还不懂自己的问题在哪里，多年以后你会明白：年轻是好事，气盛就不对了，越早摆脱越好。

一次几个朋友聚会，其中有一个女孩刚做完小手术，不能吃辣椒和葱姜蒜。然后一个姑娘对大家说点一个她吃的免葱姜蒜就可以了呀。

大家都附和说吃清淡点也挺好的，于是这个姑娘点一大盘辣子鸡放到自己面前，一个人吃。事后其中一位好友直接对我说，以后有她在的聚餐，就不要叫我了。

容易相处的人，从来都是知道适可而止，懂得礼貌和尊重，而不是任何时候都像小孩子一样，不高兴就哭闹，不合心意就发脾气。

一直觉得，人和人之间相处，是有一定准则的。带着最起码的尊重和理解，就算意见不合吵起来，也不会影响感情的。最怕不讲道理，对人性没有最基本的敬畏之心，成人的模样，小孩子的脾气，肆无忌惮。

之前住在单位公寓的时候，一个姐姐给我们讲，交朋友，一定要交做人讲规则的。讲规则的人不管是什么身份，都会对人性有所敬畏，对生活多一点温柔。那些过了十八岁还是不愿意讲规则的人，绝对不能深交。

是啊，如果成年人没有什么害怕的，就如同缺失强大的力量去支配自己的一言一行，是很可怕的一件事。

每一个女孩，不管以前做的是公主梦还是女王梦，离开家之后，就要开始遵守社会运作的准则。

小孩子的一些坏脾气和肆无忌惮，没有人会计较。但是长大之后，以一个独立的个体出现，社会就不再是爸爸妈妈为你构筑的那个梦幻城堡，它是真实而复杂的。

在现实的世界里，用孩童般的任性、撒娇、自我为中心，是绝对不可能摆平种种突如其来的。

无论好的、坏的、美的、丑的、愿意的、不愿意的、喜欢的、不喜欢的，都一股脑儿压来的时候，就需要遵守规则，需要聪明与智慧，温柔与包容，克制与接受。

周围的很多朋友顶着独生子女的帽子长大，其中不乏一些长到三十岁，还把社会等同于自己家，按自己的情绪做事，按小孩的方式对待生活，甚至分不清楚张扬个性和嚣张无理区别的人。

一个朋友说，在自己恃宠而骄逼走男朋友之后才想明白：这个世界不是你想要怎样就怎样的。也明白了理工科男友曾给她讲过的道理：如果人生有分数，所谓的漂亮、优雅、才华、财富，都是后面的0，只有通情达理，才能把前面的那个1竖起来，这样后面再加零才有意义。

正如袁立所说，通情达理是一个人最大的魅力所在。做一个通情达理的人，跟通情达理的人在一起，很多事情都变简单了。

一个学姐结婚之后一直跟婆婆住在一起。学姐说，之前总是听别人说婆媳关系不好处，实际上没那么难，通情达理的人碰到另一个通情达理的人，矛盾就没有立足之地了。

很多事情都同理，除了家人不能选择之外，我们的朋友、恋人，都是用跟自己契合的方式走到一起。爱情和友情之中，通情达理，无疑是解决所有矛盾的基础。

因为跟通情达理的人相处，不需要太多解释，只要懂得遵守生活最基本的规则——你对世界微笑，世界也必然报之以歌。

如果过了十八岁，不要再把自己当小孩子了。在最美的年龄，是架构人生的黄金时期，越早摆脱小孩子的无所畏惧越好。

学会在现实而依然有规则可循的成人世界里，用跟年龄相匹配的通情达理，架构自己的生活圈和自己的丰富人生。

前两天听到朋友讲她二十三岁的妹妹还是像小孩子一样控制不住自己的情绪，伤人伤己之后，就开始抱怨这个社会丑陋，怀疑真善美的存在。多想对这些大小孩说，如果可以，自己站在阳光里，很多事情都迎刃而解了。

最后，希望有一天，如果我们成长了，成为自己想要成为的那个人，不是因为曾经伤得深，而是因为我们在简单的日子里，用自己的洞察力，自觉告别了懵懂无知的状态，懂得了生活的有章可循。

你需要把自己当回事儿

最近，一个从小玩到大的闺蜜跟我诉苦，因为她总是感觉焦虑不安，这样的日子已经有很长一段时间了，据她的描述，是生活当中发生了一些事情，准确地说，是她马上要搬去一个完全陌生的办公室工作。她觉得自己不能接受，可是又不知道为什么。我安慰她说，这样的变化总归能给平淡如水的生活一点刺激，她却如此排斥，她说感觉心里的某些东西被动摇了。

或许是因为她太爱这份工作，爱跟她一起工作的人，她习惯了这一切，习惯了在自己熟悉的环境中自由地穿行。一开始我是这么想的。

但是聊过之后，我发现，其实不是这样的。她焦虑的原因无关乎环境，也无关乎工作。而是她无法接受进入到陌生的环境中可能会被忽视的感觉。她说：我好不容易让现在的同事都喜欢我，要是换了地方，和新的人一起工作，要是他们不喜欢我，该怎么办？原来她习惯了在现有的环境里被人关注，甚至有的时候，她觉得自己身上是带着光环的，但是改变破坏了这一切。确实，因为性格活泼，又好学，她总是能在现有的几个同事面前尽情地展现自己，自信满满。但是去到另一个大环境中，比她有能力的，比她漂亮的有很多。到那时，她就不再是目光的焦点。她也不得不承认，自己并没有想象中的美好，更不可能得到所有人的喜欢。正是这种不敢承认自己无法得到所有人的认同，却又不得不展露在众人面前的现实，导致了她的焦虑。她总是努力把自己打造成别人喜欢的样子，因为在她心里，别人认为她好，才是真的好。

我见过不止一个这样的女孩，明明可以做最简单真实的自己，却总是要用别人的价值观来改变自己。如果只是追求一类人的喜欢，用一种价值观来衡量自己，或许还可以说，她正在尝试，看看什么样的生活方式适合自己。这无可厚非，但是这类女孩不是这样，她们有一个想象中完美的自己。这个自己的身上几乎集合了所有她能想到的女孩的优点。并且总是人见人爱。

生活中，这样的女孩有两个特点。首先，她们看起来是积极向上，充满热情的，会将学到的、看到的各种心灵鸡汤在身上一一试验。因为在她们的意识里，这样的女孩是受人欢迎的，但是一旦遇到一点挫折，很快就会表现得失落。只不过她们会隐藏起来，她们的内心其实是脆弱的。回到我的那个闺蜜。她说，她听很多的讲座，看很多的道理，每天用不同的价值观跟自己说话，她很喜欢写计划，给每一个自认为喜欢的领域都订目标，却总是不能投入足够多的精力和热情，或者从来就没有开始行动过，一方面是因为它们大多数是别人认为好的，而不是她自己真正喜欢的；另一方面，这些计划都太过完美，太过精细，甚至细到每一分钟该做什么。而这在现实生活中根本就很难做到。于是做不到之后，她又会开始焦虑，然后又开始写计划，如此反复。她总是在同一时间内要得太多，既要每天跑步，拥有美好身材，又要每天学习，这样才能因为知道的比别人多而在同伴面前受到关注，同时她还要练口才，学吉他，学各种软件。总之，远远超过她每天在有限的时间范围内能做完的事情。

究其原因，是因为她太过在乎自己在别人心中的形象，希望获得所有人的喜欢，当总是做不到时，就会导致身心疲惫。在她的脑海当中，有一个想象中完美的自己，这个自己实现了她所有的计划，符合所有人的价值观，而这是根本不可能存在的，因为每个人的价值观都不同，它们本身就是矛盾的。

其实，期望获得别人的认同是人的天性，在人际关系中，会给人带来安全感。但时间久了，就很容易丢失了自己。就像我的那位闺蜜，慢慢的，她忘了自己内心真正要的是什么，而当下，自己能做什么，应该做什么，可以做什么，全然不知。却总是花很多时间去琢磨别人会喜欢什么样的自己，然后看似积极地去变成那样，甚至去制定很多达成计划，但写好之后，不是马上执行，而是思考该不该，要不要，开不开始，值不值得。他们进入了一种模式：用别人的价值观来绑架自己，然后总是寻找那种从开始就确定，只要开始就会成功的事情。因为在他们的潜意识里，失败是不受人喜欢的，所以不能允许自己失败。他们总是以为自己很喜欢某样东西，然后去追寻，有些时候会从中享受到真正的快乐，但有时只是敷衍，尽力了吗？其实没有。最后的结果大多半途而废。问题的关键就在于，那或许并非就是他们喜欢的，而是他们认为别人会喜欢的。

我也会偶尔看到这样内心的自己，然后就会慢慢地静下心来，和自己对话。我想我们不应该把目光一直放在别人那，而是问问自己究竟喜欢什么，想过怎么的生活，找到那个对你来说，坚定不移的信仰，它能让你做所有的事情都笃定而决绝。

不要浪费时间在别人的看法上，你就是你自己，不是别人。人唯一可比的地方，就是谁更了解自己，更知道自己要什么，更能让自己成长。否则，我们都一样，经不起生命的起伏，只会躲在角落里孤独地徘徊着。

可别让你的脸上负能量爆棚

秦姑娘是位“不高兴小姐”，为什么？因为她已经长出了一张不高兴的脸。特征如下：眉头紧皱，眼神挑剔，嘴角下撇，整个脸部的皮肤肌肉都耷拉着，看什么人事都不顺眼，说什么话都在扫别人的兴。

其实她的生活没那么苦逼，前几年工作薪水据说都不错，就算一见面都是“忙、忙、忙”，但话里话外也有“买了房子站稳脚”的得意。只是秦姑娘的脸上的表现形式都是“不高兴”，无非是北京房价是逼死人的节奏，地铁公交高峰的时候是人间地狱，天天不是沙尘就是雾霾，这个破地根本待不下去的各种抱怨。

在不是故乡的城市生活，爱不爱先另说，毕竟不是每个人都能完全融入不同的城市氛围。可如果我们一边享受这个城市的资源与机会，又一边抵触这个城市的文化与便捷，只怕所有的“不高兴”都是自找的。

这两年秦姑娘的“不高兴”则来自于找不到男朋友了，嘴上说着不想找没空约会，但还是会去相亲。如果说前几年那张“不高兴的脸”还是矫情的面具，那现在这张“不高兴的脸”就是一个女孩蜕变后的样子了。谁说我们都能变成更好一点的自己？很多人变成了自己曾经最讨厌的样子还不自知，是因为她以为一张“不高兴的脸”才代表着成熟和成功。

朋友想给秦姑娘介绍一位海归男，对方提出不看照片，先见见真人再说。于是朋友就把秦姑娘约到了咖啡馆，男方也坐在了不远处。

秦姑娘倒是打扮了一番过来的，进门的时候因为出去的人踩了她一下，还没来得及道歉，她那种不惹都不高兴，惹了就炸毛的劲头立马来了，不依不饶地大声呵斥人家没素质。朋友因为男方就在一旁，赶紧过去打圆场，秦姑娘这才落座。

咖啡还没端上了，秦姑娘就打开了话匣子，满脸不高兴："我的车坏了，怕堵车就坐地铁，结果人多不说还挤进一群民工，臭死了，真是倒霉。"秦姑娘一直对自己的出生地颇有忌讳，只说自己是某省人。

咖啡端上来了，秦姑娘又嫌味道太淡，跟服务生说来说去，直到人家说为她换了一杯。这时候，朋友看到那个海归男起身离开了咖啡馆，从秦姑娘进门到离开不过一刻钟。

事后男方说："生存压力够大了，即便不能天天正能量，可日日跟负能量写在脸上的姑娘相处，实在是爱她不起。"

人家没有说秦姑娘不漂亮，其实她原本也不是可以拼得起颜值的姑娘，结果还让自己的脸变成了负能量爆棚、怎么都是不高兴的样子。女人的房子、车子、票子对于一个优秀的男人来说，根本就没什么用。

朋友还是忍不住跟秦姑娘说了此事，原本是想提醒她，这样下去很难有男人能接受她。结果人家秦姑娘还不干了，说："你们这不是合着伙耍我吗？他以为他是谁，选妃啊？再说，我那天也是心情不好，他凭什么一见面都不交流就否定我啊？"从此和朋友陌路，再后来就走上了"男人都没有好东西"的老套路，她越发不高兴起来。

在我们的生活中，这样的人不在少数，对熟人对亲人甚至是对陌生人，永远一张眉头紧锁不高兴的脸。

工作中的烦恼带回家，不敢在办公室里发脾气就拿家人去撒气，生活中的麻烦又带进办公室，自己不努力还要怪别人，即便自己都养活不了自己了，还要抱怨养自己的人没有付出更多。

永远欺软怕硬，永远不能满足，整个世界都欠了自己，于是天天摆出一副要债的脸。

生活原本就是一个麻烦接着一个麻烦，谁的背后都有各自的举步维艰，你高兴点或许就能漂亮点，漂亮点或许就真能好一点，机会都是给有准备的人的。再怎样也不要把自己过成满满负能量吧，你不高兴就会变丑，变丑了拼才华都成了一种矫情，给别人添堵，让自己更糟心。

真的很忙吗？那就别张罗约会和相亲，好像别人都在等你翻牌子，感激你的大驾光临，其实我们心里都一样厌倦，不想看表演了。真相是，我们大多数的人就算很忙，也是在忙着浪费时间，错过好好吃饭，好好睡觉，好好谈情说爱，好好生活。

我拒绝一些没必要的应酬和饭局，能去办公室谈就去办公室，能简单说的事就尽量简单说，说清楚了绝不拖泥带水。我只喜欢和家人约会，朋友一起吃饭喝茶，是因为这样才能让自己真正高兴。

等待的过程就是一种愉悦，爱人远远走来，看到精心打扮的自己，微笑。闺蜜个个笑颜如花，再有不高兴的生活琐事，那一刻我也可以暂时放下，微笑。

我们之所以一再和生活错失，都是因为不敢想、不能做、不努力、不坚持，然后又催眠自己说这一切都是命。

赚不到足够令自己安全的钱，是因为你没有赚钱的样子，不然普通女孩也能一样享受到大城市的荣光。如果这个世界真有奇迹，那也只是努力的另外一个名字。

遇不到真爱，是因为你活得还不够漂亮，只有当你的脸能够闪烁出迷人的气场，你心灵的丰盈才能让身边的人感受到你的力量。不要以为你变得冷漠就是你的成长，成熟的你应该变得温柔，对全世界都温柔。

据说，每个降临到这个世界的人都自带粮草和地图，会迷途都是因为陷在眼面前的一亩三分地里，那些去看世界的人脚下一直有远方。

优雅为人，教养处事

有些话你说不出来，有些事你也做不出来，这种差距来自内心的淡定和良好的教养。

熟人约我到饭馆吃饭，她因为一盘菜的咸淡与服务员发生争执，声音越来越大，引得别人纷纷侧目。对方终于答应再换一盘，她还不让把原来的撤下，怕对方用这盘菜再加工一下又端上来。我问：“既然你知道小饭馆的问题所在，来了又何必计较？”她说：“我就是不能惯着他们的毛病！”

一次外出，登机时间看似正点，可当我们坐进飞机内却迟迟不见起飞。前座的女子坐立不安，不时找乘务员理论，对方也一直在反复耐心解释，可她越发歇斯底里，一副自以为是的“上帝”模样。

其实，我也不喜欢小饭馆的粗糙和不卫生，但既然去了，就不要在公共场合和服务生争执，大不了以后不去。那天，我也在机舱里等了将近两个小时，心里也不舒服，但我受过的教育不允许我对乘务员发泄不满，并因此影响到其他乘客。

这些“不能惯着别人毛病”的人自己就一身毛病，让别人不快乐的时候，自己也是不快乐的，甚至是不体面的。我们既不能说一个在社交场合彬彬有礼，而私下总说人坏话的人有教养，也不能说一个在公共场合因为别人的错误，就肆无忌惮地讨要说法的人有教养。

教养的本质是对人的关怀，你怎样待别人，别人也会怎样待你。

关乎个人尊严和梦想的事情，我们当然要据理力争和努力执着，没事不惹事、事来不怕事，才是一种强者的生活理念。在自身没有毛病之后，你眼中别人的毛病也会越来越少，在你得到很多很多爱之后，你就会越变越温柔，而此种优雅的温柔又是女人最体面的防弹衣。

徐志摩的发妻张幼仪，知书达理，嫁妆也可观，娘家是当时上海宝山县的巨富。就在她怀着次子时，徐志摩却与林徽因坠入情网提出离婚，张幼仪没有多问一句就办了离婚手续，甚至不要求他抚养两个孩子。她带着一颗破碎的心辗转德国，边工作边学习，也在那里找到了自信，找到了人生支撑点。她说："去德国以前，凡事都怕，到德国后，变得一无所惧。"

她回国后办云裳公司，主政上海女子储蓄银行，再次把家族的生意头脑发挥到极致。她精心抚养与徐志摩的儿子，仍服侍徐志摩的双亲，甚至还接济已经落魄的徐志摩及其后来的妻子陆小曼。无论离婚前还是离婚后，甚至徐志摩死后50多年，张幼仪都不曾对往事吐露半字，不论顺境逆境，都保持着一如既往的生活状态。那个年代的教养告诉她，既是大家闺秀，就要比旁人承受更多的责任和担当。你可以爱了又爱，最终葬在了风花雪月里，我却可以淡淡地自立不败。这样的情感与教养，世间无人能敌。

所谓教养，就是我们选择做更好一点的人。小处看是你出门光鲜靓丽，家里一尘不染，一个人也会好好吃饭，努力追求爱情和梦想。大处说你外在对人关怀宽容、内在对己严格自律，即使生活给了你一副最糟糕的牌，你也不抱怨不退缩，漂漂亮亮地打出去；你从不在外人面前失去体面，更不在家人面前失却温柔。生活的苦难谁都会经历，你的与众不同，使你就算苦不堪言，也能抽身而出片刻，去享受生活美好的一面，不拧巴自己的心态，依旧愿意相信并且善待别人。一个人的高贵也就在于此，举重若轻不动声色，保持自己有教养的生活。

所谓生活品质，就是根据自己的经济条件，追求最好的事物。这求好向好的精神，可以丰富你的内心，创造出更多的愉悦与爱。生活品质不是攀比出来的，而是用你的教养，你的努力，你的宽容，你的人品，在这个社会里拼出来的。

如果你选择了做更好一点的人，那就再努力一把，去过有教养的生活。这种生活不需要别人下定义，甚至不需要让不相干的人知道，你只要坚持做最忠诚的自己，安静又骄傲地绽放在自己的春天里。

学会在“不好意思”前说“不”

往往好意思麻烦我们的，感情都没多深；我们真正的好朋友，反而不好意思麻烦我们。

[1]

公司有个实习生，她爱吃一切糯米做的东西，就叫她糯米吧。

她最近有点烦，连公司吃年糕和粽子，她都懒得抢了。

我相信这个烦恼你们也有过。

就是帮了别人十次忙，拒绝了一次，她就成了坏人。

糯米是出了名的老好人。

糯米住在下铺，室友住上铺，成天坐在她床上吃饼干，饼干渣掉得到处都是，也不收拾，她虽然很不高兴，但也不好意思不让她坐。

糯米是北京人，有一次周末回家，室友说要让自己高中同学来住她的床，她也不好说什么。

等她周日晚上再回宿舍的时候，发现床上乱七八糟的，这就算了，关键是还有一块不明污渍。

她内心已经炸裂了，但依然不好意思发作（别怀疑，世界上就有这种不争气的包子，别问我怎么知道的），床单也没法要了，只能扔了。

好玩的是，故事的结局并不是她炸毛了，而是她室友炸毛了。

因为室友很爱翘课，每次都让糯米帮她签到，她也不好拒绝。

有一次，教授发飙了，因为上课的人很少，签到的人很多，他一气之下改成点名了，还当场抓了一个代别人答到的。

糯米吓得不敢帮室友代答到了。

教授当场宣布，当天没来的，包括代答到的，平时成绩都是0分。

室友发现糯米没帮自己答到，炸了，糯米解释，室友根本听不进去，她噼里啪啦骂了糯米一顿，“你答应要帮我的，你这人怎么这样？怎么这么自私？这么出尔反尔？说好要帮忙的，怎么也得做到！我觉得你人品有问题！现在害得我这样，你高兴了吧？”

活像是糯米不让她去上课的。

事后还到处说糯米对自己的室友都那么冷漠，绝对不是什么好人。

糯米真是无辜。

糯米说这事的时候，另一个实习生就很直接，说，还不是怪你自己，谁叫你平时装好人？

这个实习生就是糯米的反面，属于特别有原则的人，气场强大，绝不随便帮忙，比如她也是住下铺，她开学就直接说自己不喜欢别人坐她的床，所以没人敢坐。

有一次一个室友来了朋友，找不到地方住，她说，那要不让她睡我的床喽。

室友像得到恩赐一样，欢呼、雀跃、感激涕零。觉得她人好好，而且觉得她给了自己特权，我是不一样的呢，从此两个人的关系更亲密了。

这就是人性。

你帮了他十次，他觉得理所应当，这意味着你已经没有反驳的权利了。你再拒绝，你就是恶人。

相反，你一开始就立了人设，亮出了原则，你偶尔帮别人一次，你就是天使，你就是无敌大好人。

[2]

像糯米一样，不好意思拒绝别人的人，大面积存在。

我们公司就有好多，我们改名叫包子公司算了。

为什么我们不敢拒绝别人？

哪怕这件事我们明明很为难，明明要花很多的时间和精力，明明会导致我们自己的事都做不好了，我们还是习惯性地答应了，我们这是为什么？

第一，我们怕伤害双方的感情，让对方难堪。其实，一个拒绝就会伤害的感情，不是真感情。而且对方有没有想过，他提出麻烦你的事，也让你为难呢？

一个文明社会，本来就应该有一种共识：尽量不要麻烦别人。

往往好意思麻烦我们的，感情都没多深。谈何伤害？

我们真正的好朋友，反而不好意思麻烦我们，每次万不得已开口要我们帮忙，都一定会跟上一句，“千万不要勉强，要是为难，直接告诉我就好”，这就是朋友。

第二，我们觉得自己的付出是有价值的，起码可以换来一个人情，对方会心怀感激。其实，不懂得拒绝，根本换不来什么感激，只会让别人觉得我们的付出很廉价。

我最近学到的一个很有用的新词，“低价值付出”——我们以为自己付出了很多，对方却不以为意，丝毫不觉得感激，这种付出就是低价值付出。

随意的付出、别人感受不到的付出、没有否决权的付出，统统都是低价值付出。

只有那种破例的付出、稀有的付出、雪中送炭的付出、无可替代的付出，才是高价值付出。

基本上，软弱的付出都是低价值付出，因为你给人的感觉是你的付出是理所应当的，没什么好稀奇的；而有原则的人的付出都是高价值付出，因为别人本来就不敢指望他，他一旦出手，别人就赚到了。

第三，我们害怕冲突，我们用帮忙去解决问题，不敢直面矛盾。其实，人与人之间的消极情感是不可避免的，我们必须要学会用恰当的方法去应对。

习惯性当老好人，是一种病。

日剧《请和废柴的我谈恋爱》就有一段，女主特别老好人，同事总把各种事都推给她做，她不懂拒绝，全都揽到身上，每天都忙到很晚下班，觉得很辛苦，很努力。

男主角毫不留情地说，其实你很懒惰，你是懒得去解决这种冲突，你自己扛了，反而省事。因为对你来说，直面冲突比帮忙更麻烦。

说得太对了，我深有感触，因为对我这种老好人来说，在别人提出要求的当下，“说不”比帮忙难多了。

第四，你觉得你不帮忙，别人就解决不了了，他就完蛋了。其实，你没有你想象中那么重要。要相信别人是有能力解决的。

我一个朋友之前来拜托我，邀请我去他们大学做一个讲座，说同学们都很喜欢我，特别期待见到我，他们甚至宣传海报都想好了，环节都设计好了，非我不可啊。

朋友说，我不去，他麻烦就大了……

那段时间我刚好做小手术，实在没法去，搞得我特别内疚，觉得没有帮上朋友的忙，害得他的工作都不好做了。

结果，他们邀请了另外一个作家去演讲，那个作家长得还超好看（比我好看），同学们都兴奋爆了，过道上都挤满了人。

说好的非我不可呢。

这还是比较好的情况。

更多的时候，那些人来找你帮忙，让你帮忙代购啊、翻译个文章啊、代写毕业论文啊、设计LOGO啊，他们要么是懒，要么就是想占便宜。

这种忙，更不该帮了。因为他们根本就不尊重专业，不懂得专业的价值，一个英语专业的人，翻译一篇文章只要几天，那是因为人家之前在这方面有上万小时的积累呀。

[3]

那么，到底该怎么改掉不懂得拒绝的坏习惯呢?

首先，拒绝前要冷静地想清楚，什么人你该帮，什么人你不该帮；分清楚什么忙该帮，什么忙不该帮。

如果是最好的朋友，二话不说，为好朋友两肋插刀，毕竟，好朋友对我们开口，一定是深思熟虑的。

如果是普通朋友，那就看这个忙你帮不帮得上，可以帮，就答应，不可以，就果断拒绝，别人才能另外去想办法。

如果是跟你压根没什么交情，要么是非常简单顺手的忙，要么是对方真的是水深火热，而且只有你能起到作用，你才去帮。

记得，你一定要在脑子装一个警报器，只要对方说，“你能不能……”这种类似的话，你就要警醒，不要马上答应，而是让自己先冷静下来，想清楚，再回复。

其次，拒绝之后不要想太多，也不用过于内疚。

你不是故意不帮忙的，你也有自己的事情要做，并没有一定要帮大家的责任和义务，毕竟你不是耶稣本人。

我们不敢拒绝别人，因为我们在乎别人的评价，怕别人觉得我们不好相处，希望他们觉得我们是好人。

其实，除了你自己，很可能没什么人觉得你是好人，大家只是觉得你是好欺负的人，好使唤的人，好驾驭的人。

一个完全不懂拒绝的人，不可能赢得真正的尊重。

学会“说不”也是一种能力，这种能力是可以自我培养的。

学会“说不”之后，你才会发现，很多事情都变得简单了。

最后，我想说，我的人生目标，就是变成以下段子里的人！

感觉很帅！

“不介意我用一下你的东西吧”

“介意”

“有句话不知道该不该说”

“不该说”

“我说这话你可别不高兴”

“不高兴”

“我能求你个事吗”

“不能”

“借一步说话”

“不借”

“在吗”

“不在”

不好意思，你的性子直让人觉得讨厌

[1]

相信每个人身边都有一类“直来直往”的人，他们可男可女，年纪有大有小，关键是心直口快，特别愿意帮你指正缺点，盼着大家都能精益求精，末了还特有成就感地说：“不用感谢我，请叫我红领巾。”

好吧，段子归段子，其实这类朋友出现在我们生活中的概率还是蛮大的。

以前年轻，总觉得能遇到一个对自己坦诚相待的朋友特别不容易，甚至尊为良师益友，等到自己被伤的体无完肤，也不胜其烦的时候，我只想说一句：“不会说话，别老拿性子直做挡箭牌。”

对，其实就是不会说话，可能出发点也是好的，确实是希望别人能改掉某些坏习惯，但是啊，谁都不喜欢被莫名又语气恶劣地指责，所以非但指正批评的目的没达到，还带给别人一麻袋坏情绪。

我身边以前就有活脱脱的一个，年纪稍长我一些，看我工作两年了还没找对象，就各种说教，一有机会和我相处，逮着空就说。

什么眼光不要太高，再这么挑下去就会成为老剩女，越来越嫁不出去，在外面名声也会很难听，别人还以为你有什么问题……

关键是她说完还老喜欢后缀一句：“我说话直，你别不爱听，都是为你好。”可我实在是听不下去，又不好发作，只能憋出一身内伤，所以以后尽量避开和她独处的情况。

每次遇到这种时候，她的“忠言”我是一句都没听进去，净是烦扰了，我好好地过着自己充实美好的小日子怎么了，不就是没谈男朋友么，再说了，每个人的路都不一样，早脱单晚脱单各有各的定数，只要是为爱脱单，别人的日子终究是别人的，任谁在局外指手画脚都只会招来不领情的冷眼。

很多时候，也会觉得忍不了了，好想对付几句，但对方会给自己及时发一张好人卡作为挡箭牌，说一大堆看起来是在安抚你受伤的心灵，当然也不忘抬高自己一把的话。

诸如此类：“我也知道这些话说得可能比较伤人，但是我性子直，又不忍心看你一直这么错下去，我是过来人，你得听我的，我是把你当妹妹才和你说这些的，要不然我才不管你呢……”

好吧，感觉我应该挤出几滴眼泪来才对得起她这满腔的真情。我一时语塞，竟然被说得无言以对，但心里像是中了无数把刀剑，疼得说不出话来。

[2]

久而久之，我发现这类爱拿自己性子直说事的朋友们，首先她们的心态其实就是高人一等的，总是把自己放在道德的制高点，排行的最顶尖，仿佛自己已经参透人生，悟得了人生真谛，平日里对大家的开智都是一种恩施。

看到什么和自己三观稍有偏差的事都爱插一脚，非要把你拨乱反正不可。殊不知，这大千世界，芸芸众生，大家本就不同，每个人都有各自的活法，只要没有做什么损人利己、违法乱纪之事，都不应该背负什么莫名其妙的指责。

自己看不过眼的不代表就是不对的，或者需要改变的，生活在多元化的社会，求同存异才是与人相处的关键。

再有一点，这种沟通本就是很粗暴的，甚至是带有强迫的意味，不管你想不想听，就是一股脑的先把她的意见给你提出来，并且还一本正经地为你出谋划策，理所应当地认为从此你就应该走她为你指的那条路，那才是所谓的康庄大道。

当然了，每每说到这里，她就一副得意洋洋，仿佛此处应有掌声的样子，其实啊，对方已经心纠得一塌糊涂了。说话应该讲究方式方法，不是吗？

不说技巧，起码的尊重和礼数还是该有的吧，可是在他们那，完全没有这些概念，可能是懒得走脑子里过一遍，没有经过任何打磨修饰的产品能不糙吗？

他们自己倒不觉得有什么，兴许还认为原生态多环保健康，但是受众的一方却是难以下咽。

[3]

我常常想，有的人能把话说到人心坎里，有的人却只能把对方说得想砍人，这差距大得离谱，究竟是什么原因？

细细琢磨，一个人的性格、说话的表达方式都是与他的原生家庭、生活环境密不可分的，该是怎样的千锤百炼才会造就如此不招人待见的沟通模式？

他们自己又是否知道这样会给别人带来很多不快？兴许还是知道的，但是改不了，因为他们潜意识里就知道说的话并不中听，但是一想到自己性子直，加上是为了对方好，即使逆耳也要一吐为快。

着实有一点怀着圣母心，拿着挡箭牌，为所欲为的意思。

后来一次偶然的机会，我见到了那位同事的老公，这才恍然大悟，为何她总是“语出恼人”。

那是一幅怎样的画面呢，只要她和她老公在一块，立马就像变了一个人，用“小心翼翼、如履薄冰”这两个词来形容根本毫不夸张。即便她老公明明说得不对，她也是唯唯诺诺地跟着附和，大气都不敢出。

乍一看只觉得怎么这么怕老公，完全两面派嘛，但后来联系她平日里对别人的态度就明白了，人说到底也是一个动态平衡的系统，很多方面都是需要中和的，我想正是她在家里的这种夫妻相处方式压抑了她，所以她本能地需要找到其他的途径来发泄情绪，当然还为了重建那一点点的自尊。

另一方面，人都会受到身边人的影响，只是一两次的接触，就不难发现她老公也是那种爱对别人指手画脚、好为人师的性格，那长年累月的相处下来，她自身也会模仿、习得这种待人接物的习惯。

有了自己的一番分析之后，我的怒气就消了大半，原来她的所作所为也是事出有因，但话说回来，家庭生活和夫妻关系的调和本就是每个人都应该去学习的，学得不好并不是乱发脾气的借口，我们不应该在一个圈子里受了气，就跑到另一个圈子里去撒气，不是吗？

这样只会让自己身处的环境里不和谐的气氛更浓厚一些，别无其他。所以说到底，还是自身性格修炼的问题，不从自身下手，拿着一块挡箭牌对别人扔石头，毫无用处。

[4]

就是在这样的同事关系里，我也慢慢学会了如何与这些直性子们相处。最重要的就是保护好自己，千万不要被同化。

身边就有即将要被同化的姑娘，她一边受伤，一边居然深刻反思自己，觉得长这么大还能有人这么直接，甚至是血淋淋地解剖自己，简直是再生父母，竟然还会开始认同这种直接的沟通方式，认为讲真话才是真朋友，这才是所谓的真感情。

无奈，我很无奈，我想说，姑娘啊，你是如此容易被感动，被影响，也只能说明你自己的三观并不是那么的稳固，心智就更谈不上成熟了。

每个人都是独立的个体，有着一套适合自己的处事生存原则，这些保护我们的篱笆和栅栏都是经过几十年的文化知识和实践生活经历的洗礼和雕琢，一点点沉淀堆砌而成，并且随着每一天每一件事而越发坚固，只有它们才是真正与我们自身相契合的，具有防御和促进功能的，因为那是经过岁月考验的。

对于其他人而言，他们也有他们的这样一套体系，不可能与我们完全一致，当有人告诉你他的栅栏更结实好用时，你是应该好生感谢之后独立思考？还是脑袋发热地连连赞同，立马拆掉自己的，照别人的去重建另一套？

殊不知，在你不假思索地接受别人的建议，拆掉自己的栅栏时，你就已然受到了攻击，无形但颇为严重。

所以啊，平时对于自己的三观，为人处事的习惯，还是应该经常检查和修补，同时专心对待，而不是三心二意地一味地觉得别人的好。只有自己才是最了解自己的，也才是真的为自己好，有些东西，拆除容易重建难。

[5]

直接不代表真实，也不意味着善意，更可能是伤害。都说力的作用是相互的，我们要对这个世界温柔以待，那对待一个个敏感的个体，就更应该如此了。

记得前阵子蔡康永的一套关于说话之道的书很是畅销，足以可见大家都想学习如何能练好说话这项技能，因为我们需要合适的语言去做很多事，比如达成很多合作，稳固很多关系。

没错，说话就是一项技能，它是需要后天不断练习提升的，所以任何拿自己性子直当挡箭牌，偷懒不去练习说话，而是走捷径横冲直撞到处伤人的借口，都是不予接受的。

谁人在社会上、工作中摸爬滚打求的都是一份尊重，一片和睦，活得更舒适，没有人喜欢语言暴力，要是让人哑巴吃黄连的语言暴力就更是有多远离多远了。

明明有更好的选择，为什么偏偏要用这种不招人待见的方式来沟通呢？

永远不要低估语言的影响力，水能载舟亦能覆舟，说话时少一点刻薄，多一些温柔，少一点打击，多一些支持，要知道恶语伤人的结果只会像飞出去的家鸽一样，迟早还是会再飞回来的，最后伤害的终究是自己。

也许很多性子直的朋友这一路走来，遇到的都是不怎么吱声的小绵羊，甚至还有一些支持他们的粉丝，这才会让他们自我感觉良好，在不加修饰的世界里越走越远、特立独行，也更加理直气壮地能把自己的性子直作为挡箭牌，所向披靡。

但是终有一天，他们也会遇到比自己性子更直的，杀伤力更强的，同样也会觉得自己受到了一万点伤害，但到那个时候再幡然醒悟是不是晚了点？

不要急着否认自己，你也有自己的价值

在这个城市，总有那么一些人，习惯否定自己。充满了挫败，抑郁。看不到自己的价值，这也不好，那也不好。然后羡慕着别人的好或者幻想着一种理想的状态发呆。

我曾经是其中一个。在北京挣扎，找不到方向，找不到出路，更找不到价值。每月领着2000元的薪水，不敢随便请人吃饭甚至不敢轻易吃肉，更不敢去谈朋友。在理想面前，所有的现实生活都很奢侈。更可怕的是，没有阅历没有能力没有任何积累，而最让自己难以接受的，则是性格懒散不思进取不够努力，许久来却没有一丝改变的迹象。要财没有要才也没有，甚至连长相都没有，几年下来，依然在挣扎。然后就觉得自己一无是处，不知道活着这么痛苦有什么意义，然后用沉沦来安慰自己。只有在偶尔回到家的时候，和朋友谈论起，在哪工作，北京。不知道是一股自豪还是自卑感从心底升起。只有听朋友谈论起，你这不错那不错的时候，才开始半信半疑。只有当朋友用羡慕的眼神列举出一大串优点的时候，才开始反思，为什么，我要这么否定自己。

当我开始注意的时候，就发现很多人跟我一样，不断去否定自己。

他们否定自己的理由跟我大致相同：年纪大了依然被剩，自己找不到对象觉得要孤独终老；无才无貌平凡到不被人注意到，觉得这就是生活的悲剧；领着微薄的薪水，痛恨着自己没有能力；拼命坚持着却找不到方向弄丢了理想，觉得再无出头之日；性格懒散拖延成性，能力不济毫不上进，觉得自己活该生活凄惨。总之结局都一样，觉得自己毫无价值一无是处，没有未来没有伴侣，找不到活着的感觉也找不到生活的意义。

可是我又很好奇，既然自己这么差，一直都这么差，又是什么让你坚持活到了现在，还活得好好的。是不是真的因为自己太差，就这么否定了自己。很显然不是。和比尔·盖茨比，我们都太穷。和姚明比，我们都太矮。和玛丽莲·梦露比，我们身材真的太差。和周润发比，我们又有些丑。我们总能发现有人有地方比我们好，那是不是我们就要否定自己。

你说，他们都是名人，你并不奢望达到那个地步，你只是想有个正常的能力。可是你告诉我，界限在哪里。和吃不上饭的孩子比，你又太优越，和重病在床时的人比，你又太健康，和被大火毁容的女孩比，你又太美丽。和在工地上挥汗的伯伯比，你在办公室又太舒适。那么这个正常或者比较的标准在哪里。

这个世界上，总有些人的有些方面比我们优秀，让我们惭愧难当。我们想成为那样，却没有做到，然后挫败，然后否定自己。可是你又是否知道他的痛苦。我们羡慕那些年轻有为的咨询师，却看不到他成长的历程中父母早年离异自己饱受沧桑，他只想像我们一样有个正常的家。我们羡慕那个有钱的孩子继承了父亲遗产，可是他只想用所有的钱换回父亲的一年，羡慕我们父母虽穷但是依然健康。我们羡慕那个在单位叱咤风云的女领导，可是她年近四十依然跨不上红地毯，她羡慕我们活得平凡但家庭和睦。我们羡慕的很多人都在羡慕着我们。

听起来像是每个人都有优缺点，每个人都有好的一面和不好的一面。我们要做的仅仅是不要比较而已。我们不可能成为那个完美的人，在所有方面都是最优秀。有些人有些方面会比我们优秀，但是这些人同样羡慕我们的一些其他方面。羡慕我们习以为常不以为然他们却拥有不起的东西。

既然没有完美的人，那我们只要多看看自己优点和拥有的地方就好了，就容易感觉到价值了。我们都是半杯水，看你是看到空的部分，还是看到有的部分。

我们拥有太多资源被我们所忽略，以至于我们常常挖掘自己的优点或价值的时候，也难以找到。

我们能工作在北京，却感觉不到价值。我们享受着办公室的空调，感觉不到价值。我们健健康康着，却感觉不到价值。我们父母曾好好爱我们，我们感觉不到价值。我们还能够在年轻的时候奋斗着，我们感觉不到价值。我们在北京租得起房子，我们感觉不到价值。我们能吃饱饭，我们感觉不到价值。

可是当我们换一个环境的时候，又感觉两样。当我们回到家，带着北京的特产给亲戚朋友，我们享受着那些羡慕在北京工作的眼光；当我们到孤儿院去救济献爱心的时候，我们又感恩着父母给的幸福；当我们和给家里装修的工人一起用餐的时候，又怀念起单位的空调温度；当我们去医院探视的时候，又庆幸着自己的健康；当我们和刚失业的朋友聊天的时候，又觉得自己能领到两千块而沾沾自喜。

同样是那些让你感觉不好的东西，又会让你感觉很好。价值感是个很奇怪的东西，同样是我们拥有的特质，有时候会让我们感觉很好，有时候又让我们感觉很差，可是我们自己本身却没有变。那是不是环境变了，我们的价值感就变了。也就是环境控制了我们的价值感。

我们的价值到底建立在哪里之上。

很多年前，当我还没有开始研习心理学的时候，我听说，幸福是由你的邻居决定的。当你拥有了你的邻居没有的东西的时候，你就会感觉到价值，感觉到幸福。好可悲的思想，我们自己的价值感，居然要被环境所控制。我们把价值建立在环境之上。

有时候，别人夸我们，说了我们很多好，我们就觉得得意，喜笑颜开。别人说我们不好，说了我们很多缺点，我们就觉得难过，自己哪都不好。又常常把价值建立在别人的评判之上。如果从事的是公务员，有的人羡慕我们的工作有的人则说我们安于现状。如果我们吃饭吃两盘肉，有的人说我们浪费有的人则说我们爱自己。如果我们赚到很多钱，有的人说我们能干有的人说我们精神匮乏有什么用。如果我们考试考了高分，有的人说我们学习好有的人则说我们书呆子。我们听到不同话的时候，感受就不一样。

我们是否要将自己的价值建立在环境之上，那么当我们失去环境独处的时候，我们的价值感要从何而来。我们是不是要将价值感建立在他人之上，那当不同的人说我们不同的时候我们该怎么办。

我们身上每样东西都是资源，只是看到的角度却不一样。有的人会因为胖而自卑，有的人则会称自己“唐朝美人”，后者更容易招人喜欢。有的人会阻抗自己不善言辞不善交际，有的人则欣赏自己的文静和羞涩，后者就懂得欣赏自己。有的人会痛恨自己太固执失去了太多机会，有的人则欣赏自己的坚持。

没有一样特质是好或者是坏，只是我们身上的一样特质，只是我们用了褒贬的形容词来形容。但当我们把他还原，他依然只是我们拥有的特质。倔强其实就是坚持，讨好其实就是爱心，指责其实是力量。年近三旬是成熟美，长得太平凡则是安全。防御是因为保护自己。如果我们退去了比较和评判，那只是我们身上的特质而已。无所谓好坏。

我们都是半杯水，没有人会一满杯。有空的部分，也有有的部分。看到什么，则就有什么。

发挥你的魅力值

大二的时候，我第一次出国去参加一个国际学生论坛。

当时论坛的组委会成员全部是来自哈佛的本科生，中国学生都耳熟能详的“哈佛女孩”刘亦婷也在内，但让我印象最深的却是那届主席，一个叫Jenny的小个子华裔，皮肤黑黑的，丹凤眼，其貌不扬，总穿一身合体的黑色西服套裙，喜欢内搭鲜红色的衬衣或小衫。

她既没有大部分美国年轻人那种疯疯癫癫张扬的样子，也没有那种在美国待久了的华人孩子那股自命不凡的样子。

台上台下，永远都笑眯眯的，既行动迅速高效，又谦和有礼。

开幕典礼上出了一点意外，新加坡的前总统上台致欢迎词，然后从Jenny手中接过了荣誉奖牌，转身就要下场，刚走两步，只见Jenny紧赶了几步，轻轻扶住他的奖牌，脸上依然保持着原有的微笑，然后顺势朝台下等待的媒体做了个“请”的动作。

前总统立刻会意，停下来转身，两人心照不宣地各执奖牌一端，向台下众人展露无懈可击的笑容，闪光灯悉数亮起——那一刻Jenny处变不惊的大将风度和魅力冠压全场，达到了峰值。也让我第一次体会到，一个女孩子的魅力，并不是非要靠外貌来获得的。

后来我读研的时候，去美国一个夏令营打工。营里都是美国中产阶级家庭的孩子，而老师们则一半来自中国，一半来自美国。夏令营快结束的时候有个传统，学生们要选出自己心目中的“男神”老师和“女神”老师。

男神，毫无意外地被一个又帅又阳光的美国小伙子夺走，而“女神”统计票数的结果令人大跌眼镜——不是那位个子高挑、头发黑直长的美女中文老师，而是孩子们的教导主任，一位妈妈级的年逾四十的女老师，短发齐耳，为人爽朗，运动细胞极其发达。

“你为啥选她呀？”我随口问一个吹着口哨欢呼的男孩。

“因为她超有意思！超有魅力！”男孩脱口而出地回答。

以前流行过一部经典韩剧叫《家门的荣光》，刚传到国内的时候，很多人在网上评论说丹雅是他们心目中的“女神”，于是我理所当然地认为丹雅一定是位超级美女，结果真看的时候，特别失望，啊，女神就长这样啊？！眼睛不够大，脸太长，气质太阴郁，简直不能理解有什么魅力，也没有兴趣再往下看。

后来过了一些年再找出来看，还是觉得女主角不算美女，但自始至终具有超强的存在感，她的优雅、她的涵养、她的成熟、她的淡泊——看过一两集后，视线就不由自主地会被她的一颦一笑所牵动，为她的魅力所折服。

如果以时间为轴，女生的相貌其实是一条正态分布的曲线，在20岁出头的年纪达到巅峰，然后一路衰减。魅力曲线却有着更多的不确定性，可能有人的魅力曲线是和相貌曲线一样的，有的人却会随着年龄陡然升高。

那些并不美貌却被公认很有魅力的女性，首先是些很有生命力的女性。“生命力”这个东西，有时候反而年龄越大越占优势。

如果一个小姑娘招人喜欢，我们会说她漂亮；如果不漂亮，会说她可爱、清纯、活力四射，但很少会用到“魅力”这种大字眼，因为那种由内而外发散出来的气场、活力，那种生命的宽广和厚度，是需要时间和阅历来累积的。

现在回想，美国夏令营里那位妈妈级的“女神”就是这种魅力型人物。

因为坚持锻炼，她身材非常矫健，充满活力，每当营地里划分红方蓝方进行皮划艇、竞走项目的时候，她带的队总能赢得比赛。虽然管教学和住宿纪律的时候，她严肃认真、刚正不阿，但平时和孩子们在一起，该笑的时候就哈哈大笑，学生们有烦恼倾诉的时候，她就认真聆听，从不会因为一个学生会抽烟，或者给她惹过麻烦，就给他们贴标签或分别对待。

当我和她初次相处的时候，也会生出一种“虽然刚认识不久，但这个人可以信赖”的感觉。

其次，一个有魅力的女性是独立自信的。

许多人对“独立”一词有所误解，觉得独立就是必须单独、独身或者不能求助于人。这里的独立是指那些从未放弃过“独立思考”的女性，比如我身边许多“90后”和“00后”都会觉得刘瑜“很有魅力”，这是个很有趣的现象。按说他们大都不知道刘瑜什么样子，刘瑜走的是偏学院派的写作道路，却以独特的思考、深入浅出的辨析深深折服了一群素未谋面的年轻人。

我自己在浏览别人的公众号文章时，还经常被一众家庭主妇写手们“迷倒”，看到她们能把平庸小事也写得妙趣横生，或把琐碎家务打理得井井有条时，就会觉得对方的智慧和魅力隔着手机屏都能源源不断地散发出来。

还有一种女性，她们看上去非常普通，实际也是一些普通人，她们说不出大道理，也谈不上多么有深度，但相处起来既温暖又舒服，这也是一种自然流露的魅力。不是那种刻意经营、反复雕琢的美，而是过往一切教育、生活、人生阅历沉淀下来后，女性光辉的自然流露。

美丽尚有据可循，魅力却往往是一种更加主观的感觉。

比起外在的美，有魅力的人更像拥有一个强大充盈的内核，能量和气韵会由内而外，自然而然地流动。美丽的人孤芳绽放，而有魅力的人则会让身边的人都感到温暖与快乐。

接受不完美的自己

前几天我听广播，听到一个访谈节目。女听众打进热线，向主播提问："我老公这个人脾气很坏，还家暴，我跟他实在过不下去了。可是一想到离婚，我又心疼小孩子。不要孩子，我做不到。要孩子的话，我一个人又养不起，你说我该怎么办呢？"

我正同情着这位哭哭啼啼的女听众，主播说话了，她把打电话的这位听众狠狠教训了一顿，大意就是说她的问题根本不是老公太坏，而是不能自立自强，懦弱无能，所以才丧失了一个女人的尊严。

主播巴拉巴拉说了一大堆，女听众不时抽泣着附和说是。我想，放下电话之后这个女听众会怎么样呢？没文化，没背景，放不下孩子的她真的会逆袭成女强人吗？我想大概不会，她依旧会舍不得她的孩子。

唯一的改变是，在未来不幸的生活里，她除了委屈，还增添了无穷无尽的自责和惭愧。

当再次接受老公拳头的时候，她可能会想，都怪我太没用，才赖在这里不走。

这样振振有词的人生指导，对她的生活毫无改善，反而更糟糕了。

女强人自然很好，但真的不是每个人都应该而且能够去当女强人，因为每个人都有她本来的样子。

20世纪，奶粉厂家为了开拓市场，疯狂制造佳品舆论，使那时的人们相信，母乳喂养是粗俗的，低下的，只有为宝宝购买高档奶粉，才能做一个好妈妈。

直到后来国际卫生组织出来澄清，人们才逐渐回归母乳喂养。

这样类似的事情其实很多。

我的室友小时候一度自卑，仅仅因为她的胸部比同龄人发育早了两年。

小伙伴们用各种奇怪的理论嘲笑她，她只得学花木兰，在夜深人静的时候拿布条裹胸。

那是一段痛苦的回忆，她说，她在很长时间不敢抬头挺胸，不敢大声说话，也不敢跑步，因为她透不过气来。

更要命的是，她在很长时间都以为自己有错。

我们有时候为了迎合他人，对自己过于苛刻。

我认识一个女孩，一米六几，刚刚到一百斤，可是每次照镜子，她都埋怨自己太胖了。

听她说了几次之后，我才明白，她不是矫情，她是真心觉得自己太胖了。

我说，你不胖啊，你挺瘦的。

瘦？她把一张卖衣服的广告放到我鼻子底下，指着竹竿似的女模特，说，看到了吗，这才叫瘦。

我还有一个朋友，对自己的皮肤很不满意。在我看来，她的皮肤红润可爱，是很健康的好皮肤。可是她想要的，是那种晶莹剔透吹弹可破的璀璨肌肤。

不止年轻人对自己不依不饶，老一辈也惯于此道，比如我阿姨，每次看到赵雅芝和刘晓庆都要自怨自艾，你看人家，同样是五六十岁，脸上一点褶子都没有，唉，我怎么就老了？

每个人都想做到最好，但不是每个人都能做到最好。

即便你在这一方面做到最好，你也难免不在另一方面差强人意。

我和朋友一起喝茶，期间谈到心理学，朋友问我，你说社交恐惧症该怎么办呢？我一听敲门声就心慌。

自从选了心理学专业，不少朋友用半开玩笑的语气拿这症那症来问我，心理学上提到的所有症状，我的朋友几乎都得了一个遍。

可惜，心理学有好多流派，什么构造主义、行为主义、格式塔学说，就像金庸小说里的各大江湖门派一样，而我是哪一门下的呢？那时同学笑称我是“无为主义”。比如刚刚人家问的问题吧，我会说：社交恐惧？没事儿，不用纠正，猫不会游泳，狗不会爬树，它们也都好好的呀。

一直以来，我相信万事万物都有存在的理由，所以最终我没有从事心理咨询和治疗行业，因为我觉得自己很难胜任。很多时候，我宁肯让我的来访者相信自己的内心没毛病，也不愿去触碰他们的内心。

我不知道什么样的心理状态，才是正确的，是好的，是我们应该有的。

无论是性格、能力还是心理状态，我们都有让自己不甚满意的地方，给我们带来痛苦。

有个化妆品的广告令人印象深刻，它说：“你本来就很美。”

然而很多人觉得这是句谎话，因为自己明明就不美。

在美国，17岁的少女丽兹维拉斯奎兹无意中点开一个名为“世界最丑女人”的视频，而视频中的女人就是她自己。

丽兹患有罕见的疾病，身高1.57米，体重从未超过27.3公斤。她形容枯槁，每隔15分钟就要进餐一次，被人们称为“骷髅女孩”。

不仅如此，丽兹在4岁时右眼变得混沌，失去了一半的视力。这个长相怪异，需要不停吃东西的独眼女孩，要生存下来非常不容易。

那个叫作“世界最丑女人”的视频在当时约有400万观看次数，许多人对丽兹恶语相向，留下不少恶毒评论。

令人没有想到的是，丽兹没有跟他们对骂，反而以“世上最丑女人”在视频网站上建立自己的频道，以其自信的态度迅速圈粉30余万，她还出了两本畅销书和一个纪录片，用自己的故事影响了很多人。

丽兹用事实告诉我们：即使你是“世界最丑女人”，你也能活出属于自己的美丽。

如果和他们的比较让你觉得痛苦，你不如学着接纳自己。

接受自己不完美的事实，给自己一个拥抱，说，我已经用尽了洪荒之力。

千万不要和别人一起欺负自己。

第六辑

愿你内心坚强，不负前行

达到顶峰的山路都是盘旋向上的，人生也是这样子。每段路都需要我们去经历，要走直路，直接向上，那需要我们有很好的基础，很好的积累。人的成长都是经过积累起来的。

所有的快乐 源于你的内心强大

[1]

我见过最苦的人。

幼年丧母，中年丧妻，老年丧子。

见到他的时候，老人精神矍铄，谈笑风生，丝毫看不出人生中的三大痛都发生在他身上。

他每天早上背一把太极剑去草坪练剑，下午的时候在公园和一群老年朋友下象棋。平时把屋子收拾得敞亮、干净，做的一手好菜，即使是最普通的叶子菜，他都可以炒得色香味俱全。更多的时候是在躺椅上面看书，从儒家名著到《菜根谭》《傅雷家书》等，都有涉及。

无论是生活哲学还是人文艺术，从老人那里我都受益匪浅。

老人常常告诉我：真正的强大，不是去征服什么，而是能够承受什么。

[2]

小的时候，我们总想长大，试穿过妈妈的鞋子，偷穿过爸爸的西服，因为我们以为长大就会得到很多东西，可是，长大后我们发现世界并不是我们想象得那么美好，我们面对的更多的事情是：失去。

失去亲人、失去爱情、失去健康、失去梦想……

每当失去的时候，我们总想着逃避，可是就算逃到天涯海角，我们都无法躲避。内心强大的人从来没有想过逃避，而是直接面对，然后去承受它们。

承受生命的短暂无常，承受人生的黯淡无光，承受生活的穷困潦倒。

很多时候我们都在羡慕别人，然而，当我们真正了解别人之后就会发现，其实每个人都生活得很无奈。

穷人羡慕富人的光鲜亮丽，富人羡慕穷人的简单快乐。

大学时学了很多年的专业工作后才发现并非自己所爱，爱了很多年的人结婚后才发现彼此的感情并没有那么深厚。

自尊心强、不善言谈，却不得不为了业务丢下脸面。

天性自由、不羁不绊，却不得不为了生活委曲求全。

在最没有能力的时候，却拼命想要给对方一个家。

在最不懂爱情的时候，却遇到了此生最爱的人。

人生就是这样，大家可能都生活得很无奈。既然都很无奈，那就互相地无奈下去，看看谁可以在无奈中笑到最后，看看谁可以承受更多的无奈。

真正的内心强大，不是去比拼名利，而是可以承受更多。

[3]

听过无数讲座，只有医学系任主任的讲座让我刻骨铭心。

每次讲座前，他都会给学生讲关于他的故事。

“我的老师就是我亲手治死的，我一直把他当作另外一种病在治疗，直到他去世前的3个月，我才想起鉴别诊断，最后诊断的结果却是肝癌，已经是晚期。”

“我的老师在死之前只做了一件事情，那就是立了一份遗嘱，遗嘱的内容是：责任不在我，不允许任何人起诉我，是他自己没有教好自己的学生。”

任主任说出这番话的时候非常平静，内心波澜不惊，我知道时至今日，他已经完全接纳了自己。

他说学医的人需要力求自己完美精湛的医术，除此之外还需要强大的内心，会接纳自己。如果没有强大的内心，会带给自己和患者无穷的伤害。

而不会接纳自己的人，往往会把自己困在别人的眼光里，比如别人对自己的期望，别人对自己的评价。其实，一个最应该在意的事情是：自己如何和自己相处，自己如何去接纳自己。

内心强大的人不管别人是赞扬还是损毁自己，他都会平静地接纳。因为他知道，别人的评论都是别人心中的自己，他们评价的都是只是自己的影子，并不是真实的自己。

[4]

网上有个关于“出国5年到底收获了什么？”的回答，让我记忆犹新。

“出国5年我收获的最重要的东西，不是英语，不是文凭，对我而言，就两样东西：一种是把我放到任何国家、任何谁都不认识的地方，我都有生存下去的能力，另外一种是名车和豪宅早已动摇不了我愿意每天坐公交车、追求简单梦想的强大内心。而我认为，这两样东西足以让我受益终身。”

真正内心强大的人，不会被外在的东西动摇。名牌包动摇不了自己，名车豪宅动摇不了自己，别人的风言风语更加也动摇不了自己。

接纳自己，接纳没有豪宅、豪车的自己，接纳不高不美不富的自己，接纳没有渊博学识、丰富经历的自己。

内心强大的人，是完全接纳自己的人，不需要借助外在的物质来增强自己的自信心和安全感，不是开着法拉利住着独栋别墅就豪情万丈、从容不迫，换上单车草房就自卑、落魄到尘埃里。

内心强大的人知道自己该做什么、不该做什么，知道自己是为自己而活。

他所有快乐的源泉，全部来自于他强大的内心。

磨难是每个人变得更好的必需品

“耐撕”的爱情，是放下和坚守的拉锯；

“耐撕”的生活，是死磕和妥协的博弈；

“耐撕”的人生，是梦想和现实的平衡；

“耐撕”的世界，是个人和社会的协同。

[1]

我以前有一个下属，北京师范大学的，人长得非常日系，眼睛很大，如同一汪秋水，身材娇小，但却凹凸有致。

总体来说，她跟蔡依林有点像，但要更好看（我还真见过蔡依林真人）。另外，她是广州本地人，待人接物都非常“nice”，很有礼貌，说起话来也非常温柔，让人如沐春风，一看就是很有家教的那种。

我们愉快地合作了一年多，突然有一天，她哭着跑到我面前，说想要辞职离开，感谢我过去一年多的栽培。

我说怎么了，这阵子不是干得好好的吗，怎么突然就要走了。

她说公司的某个高层对她不怀好意，经常没事就约她出去，烦死了。

我说这不是很正常吗，职场里的灰色规则，你不理会就好了。

她说她就是这样做啊，自从知道那人有非分之想后，但凡在公司里撞到，定会绕路而走。实在不得已，需要工作汇报或开会时，也会冷眼相对，一副宁死不从的架势。

我皱了皱眉，说你其实可以换一个更好的做法，比如说坚定地表达完立场后，态度上就不需要那么针锋相对和视死如归了，特别是在公开场合。

她说她不懂。我说你先不要懂，尽量这样做就好。

结果如你所料，她压根就没听我的劝，还是一如既往地行事。

后来，这个领导就变本加厉地刁难她。无奈之下，她只好离职了。最无奈的是，她在前几个公司，都是因为类似的情况而离开的。

其实我想说的是，一个人在社会上打拼，想要“nice”，就必须变得更加“耐撕”，否则只有“被撕”的份。

然而，什么才叫作真正的“耐撕”？

[2]

所谓的“耐撕”，不是张牙舞爪，而是能攻能守；不是圆滑世故，而是内方外圆……

总体来说，“耐撕”不是一种外在的锋芒，而是一种内在的态度。既能走心，又能走剑。走心时，保持分寸；走剑时，点到为止。

正所谓“树欲静而风不止”，人在江湖漂，难免不挨刀。如今这社会，总是善意满满的同时恶意连连——毕竟，不管我们的世界再怎么和谐发展，弱肉强食和适者生存的法则，依旧融化于文明的血液里。

换言之，所有的“nice”都需要牙齿，哪怕不是为了攻击，也可以用来保护，就像是一头大象，有了足够的力量，才能惬意地游走于动物圈，真正地做到人见人爱的“nice”。

记得在《奔跑吧兄弟》的第三季，其中有一期是在墨尔本录制的。在撕名牌的环节中，小鲜肉鹿晗对阵小熟男郑恺，没想到郑恺在被撕后突然暴怒，当场脱掉上衣，狠摔于地。

现场的这一幕，自然没有在节目中播放，但却被人偷偷地拍了下来，放在了网上，继而给节目组形成很大的负面效应，让人觉得镜头之外的某些嘉宾根本不耐撕，也不“nice”，竟会耍大牌。

虽然很快地，郑凯和鹿晗便在微博上同时发声，声称“我们都很耐撕，我俩也很“nice””，但真相已无从考证。

须知道，真正的耐撕，哪有什么滞后期。而且最重要的是，它必须植根于我们的内心，而不是镜头前的演绎。

[3]

我有一个学妹，今年大四，明年毕业，刚找到一个不错的公司。

有了好归宿，自然少不了请客。席间，她跟我说，她想做一个“nice”的人，人见人爱，花见花开，简简单单的就好。

我笑了笑，说看来我不该送你我的新书，而应该送你一本旧书《杜拉拉升职记》。

结果如我所料，两个礼拜不到，她万般委屈地跟我哭诉，真没想到，公司有一个同事，老针对她。自己做得不好，就仗着自己资历长，咄咄逼人，凶神恶煞的……师姐你说，我是不是太弱势太“nice”了。我想我以后一定要变成一个强势的人才行！

我苦笑道，你不是一直就很讨厌强势的女人吗？你看看你现在，已经在开始努力成为你曾经那么讨厌的人了。

她恍然，然后说该怎么办。

我说我也不知道，我只知道，你应该成为一个“耐撕”的人，然后再有资格保持你的“nice”。而不是希望自己的“nice”，去赢来所有人的尊重。

确实，不管是爱情，还是职场，抑或是在漫漫的追梦路上，“耐撕”俨然已经成为了当下社会的必备气质：

“耐撕”的爱情，是放下和坚守的拉锯；

“耐撕”的生活，是死磕和妥协的博弈；

“耐撕”的人生，是梦想和现实的平衡；

“耐撕”的世界，是个人和社会的协同。

[4]

前阵子，郭德纲和曹云金两师徒把相声搬到了微博上，隔空对唱，你来我往，撕得是不亦乐乎，热闹非凡，而且一度围绕着有没有收拜师费这一问题而纠缠。

对于他们的纠纷，只能说“公说公有理，婆说婆有理”，如果说郭德纲真有曹云金说得那么道德败坏，我完全信，因为艺术和人品从来就不一定对等，而且在现实生活中，我还真遇到这样的主。

但过了这么多年，其中的真相，别说是外人，哪怕是相关的当事者，谁又能真正地说得清道得明呢？

佛家有曰：“念身不求无病，处世不求无难。究心不求无障，立行不求无魔。”

意思是说，磨难如影随形，是每个人变得更好的必需品，我们不能天真地奢望它不存在，只能用“耐撕”的精神，好好地面对。

须知道，在这个社会里，我们努力做一个耐撕的人，无非是想“邂逅”一个“nice”的自己。

期间，就让我们用无比“nice”的微笑，跟所有路上的程咬金们，大声地说一声：“耐撕” To Meet You!

讷于言，敏于行

大长脸是我表哥，一个典型的天秤男，有一张酷似日本文艺猥琐大叔的长脸和一种慢吞吞与世无争的呆萌气场，而且还有“程序员”的标签。他的语言表达能力退化得惊人，考英语只能考到满分的三分之一，说汉语也老是舌头打结。不过仔细想想这些年，他的经历，让我相信了“讷于言，敏于行”远好过“45度角仰望天空，屁股都懒得挪一下”。

“梦想注定是孤独的旅行，路上少不了质疑和嘲笑”，这是陈欧，他为自己代言。而大长脸的梦想没有那么励志和正能量，他也是为自己代言的那一群人。他的梦想从小就有些俗气，就是赚钱。后来，我渐渐发现大长脸让我看到了这个世界的多种可能，让我发现原来没有那么多的不可能。

为了买新出的四驱车，大长脸自力更生。为了省下钱买更好的贺年片，他从H市的一端沿着铁轨走到火车站小商品批发市场，当时顶着呼呼的寒风、踩着冰冷的铁轨走40多分钟的开心和无忧无虑，直到现在他都记忆犹新。再长大些，大长脸就开始打起了夜市和各种音乐节的主意。平时慢吞吞的他，在被逼急后所爆发的力量是不可估量的，一双大长腿不知逃过了多少城管和大妈的围追堵截，一张大叔脸不知哄骗了多少少女买他的海报和荧光棒。我曾经以为他是只鸵鸟，慢吞吞地走，一切都是慢吞吞的，后来才发现这家伙是只黄鼠狼，有目标，有方向，起早贪黑，不言不语，然后一招制胜……

大学毕业，计算机从业人员供大于求，一向傻呵呵、慢吞吞的大长脸，也在人生的十字路口变得既孤独又迷茫。我问他准备从事什么职业，他无所谓地说，不管干什么，挣钱就好。那段时间，大长脸在无数个招聘现场中木然地奔波，实在没有着落了，他俗气地和我说，先挣钱再说，于是勤勤恳恳地在一家西裤连锁店干起了调度员。

寒假回来的时候，他抽烟抽得很凶，牌子也貌似提了好几个档儿，烟圈在故意蓄起的胡须周围调皮地打转，长长的脸看起来有些沧桑，又有些可爱。我问他下一步准备去哪儿发财。没想到，他把烟蒂狠狠地摁在地上，正能量十足地说，去考公务员。当时，我惊得半天都没说出话来，不知道这半年他经历了什么，是他厌倦了漂泊还是真的改邪归正要立志为人民服务了？不过这些都不重要了，重要的是这家伙在“离经叛道”后真的就“洗心革面”，开始在康庄大道上“匍匐”了。

两个月之后，大长脸带着一脸释然和从没有过的平静告诉大家，他没考上，不过准备创业，店铺已盘好就等装修了——他要和朋友合开一家桌游吧。我不能想象家里那帮50后和60后在听到“桌游吧”三个字时，是怎样在他需要启动资金的时候批驳和斥责他的，也不能想象他是怎样顶着压力在大家都不看好的前提下到处找房子的，只知道他去做了。开始装修前，我问他怎么从家里拿到赞助的，他只说他和他爸磨了好久才拿到开店的一半资金，他说这话的时候眼睛里满是温暖和喜悦。

店是他和朋友一起装修的，基本上是从毛坯到精装的一个过程。那段时间，他估计快被装修折磨疯了，在收集了整整一屏幕的装修攻略后，去建材市场讨价还价，然后光着膀子在房子里DIY各种小型家具和道具，来“拜访”他的人络绎不绝。有楼上叽叽喳喳的大妈，有儿时一起长大的小伙伴，也有一群又一群慕名而来的家人。有来絮絮叨叨让他停工的，有来嘘寒问暖送祝福的，也有来冷嘲热讽表示同情的，当然送祝福的毕竟是少数，表达无限同情的和袖手旁观的是多数。

那段时间，不知道大长脸在叮叮当当中忽略了多少唏嘘，人家在说，他就在叮叮当当地钉钉子或者在咯吱咯吱地锯木头。不按既定的方向走，不按套路出牌，让他和他的小伙伴在这条路上走得有些孤独。但我相信，他这么做是真心想这么做，人如果真想做成一件事，全世界都会伸出援手。这世界这么多可能，不尝试怎么会知道没有可能，如果人人都听信别人嘴里的不可能，那也可能这个世界就真的不会有那么多可能了。

很快，周围的唏嘘声越来越少，各种物质和精神上的抚慰来到了大长脸身边。弄一棵小树苗是需要钱的，可他真是踩到狗屎运了，在一个月黑风高的晚上，当他路过一处建筑工地时，竟然发现了人家刚刚砍断遗弃在路边的小树苗和被废弃的窗框，于是他跟捡了金元宝似的，把树苗偷偷运回店，开心地做成了一棵装饰树和数个装饰品。人是一拨一拨地拥向他的店里，都在感叹他居然没花多少钱就能营造出这么文艺而复古的感觉。大长脸变废为宝的本领，又一次证明了没有真正的废物。

开业很长一段时间后，大长脸还是孤独的，他白天忙着发传单，晚上忙着研究店里五花八门的桌游。顾客不多可能是宣传力度不够，需要改变一下宣传策略……我一五一十地给他分析，他煞有介事地听，然后继续抽着烟看着密密麻麻的游戏说明，还是没有抱怨，只是按部就班地该干吗干吗。可能是他在关键时刻能说会道，可能是店面位置优越，也可能是他的大叔气质蒙骗了涉世未深的孩子……总之，在他和朋友的共同经营下，这个店居然在不是很潮的H市火起来了。人总是极其矛盾和拧巴的，前一秒在轻蔑和假模假式的同情，后一秒可能就在嫉妒或者毫无顾忌地赞赏。本来很多事情很简单，却被如潮水般拥来的唾沫生生地搞艰难了，本来很多事情的解决之路有很多条，却在条条框框的束缚中被既定成了少数的几条。

每个人的内心都有疤痕

有个朋友现在是服装店的小老板，离大富大贵还有一段长长的距离，但温饱早就不愁了。朋友以前的生活在我们看来真是惨不忍睹：五岁死了父母，依傍年迈的祖父母过活，挨过饿，受过冻，成年后下过最危险的私人小煤窑，站过一不留神就可能被绞断手指的流水线，还被非法小鞭炮厂炸断过胳膊。然而，说也怪，朋友一贯笑声爽朗，从来不把艰难挂在脸上。我问他为何如此乐观，朋友说：不就是在成长过程中遇上了一点事吗？谁的内心没有过疤痕呢？

每个人的内心都有疤痕，这是我的朋友对生活的理解。确实，人的一生路途遥远，在生命的跋涉中，谁敢担保自己不遇上点风雨泥泞、绝壁深壑？对于我的朋友，他的疤痕是肉体上的，比如少时的贫穷生活，成年之后最初一段时间的危险四伏；对于另一些人，他的疤痕可能是精神上的，比如年少的不受重视、怀春季节的失恋、学业的挫折、工作的失意……

说到生命的疤痕，那些名人大腕未见得一定比我们少。林语堂年轻时非常爱同学的妹妹陈锦端，陈锦端也特别喜欢他，陈锦端的父母却嫌林语堂是一个穷传教士的儿子，不愿将女儿嫁给他。不得已，林语堂只好跟廖翠凤结婚。林语堂最可贵的地方在于，他能够“无视”灵魂的疤痕，沿着既定的路走下去。失恋后，林语堂先后去了耶鲁、哈佛、莱比锡等世界知名大学留学，回国后历任清华大学、北京大学、厦门大学的教授，后来又出了国，任联合国教科文组织美术与文学主任、国际笔会副会长。除了职业上的成就，林语堂还是杰出的文学家，写有《京华烟云》《生活的艺术》《吾国与吾民》等非常有影响的作品。可以毫不夸张地说，如果没有那一场刻骨的失恋，林语堂的精力未必能如此集中，他也未必能发展得这样酣畅淋漓。

身上有疤痕并不可怕，疤痕只是人生的一个疵点、生命的一段小小的停滞，它不会妨碍你整体的健康，更不会挡住你走向梦想的双脚。真正可怕的是我们内心放不下这个疤痕，总是一遍遍无用地哀叹没有这个疤痕我会如何如何，现在有什么办法可以遮掩这个疤痕。这样，我们势必会将许多宝贵的时间浪费在不产生任何生命效益的事情上。我的朋友与林语堂是聪明的，他们知道：无论你愿不愿意，生命的疤痕是存在的，但我们可以不去管它，通过在别的方面获得的成就与快乐抚慰自己。

其实，一个人想“无视”内心的疤痕并不像我们想象的那样难，不需要投入巨额资金，更不需要上刀山下火海，要求我们的不过是一些心灵的调料。首先一个人得有点心理硬度。男人也好，女人也罢，既然你已经决定到这个世间走一遭，你就不要期望这个世界给你的处处是笑脸与鲜花，碰破一点皮，流一点血，自己包一下就是。只要脑子还能想，手脚还能动，你就有咸鱼翻身的机会。我的朋友与林语堂之所以值得人们称赞，并不是因为他们消灭了疤痕，而是由于他们具有一种“打掉牙齿和血吞”的硬汉气质。正是这种心理的硬度让他们的生命变得柔软，能够适应复杂的世界。

再一个，我们必须学会有点“出息”。这里的所谓“出息”，不是一定要做多大的官、出多大的名、发多大的财，而是应该有一种让自己安身立命的东西。当大官、出大名、发大财，是少数幸运者才能做到的事，但拥有一种安身立命的东西不算困难。比如你是农民，不妨做个本乡本土的种田能手；你是工人，不妨成为次品率最低的巧匠；你是老师，不妨成为被学生爱戴的好园丁。有了可以安身立命的东西，你的内心就会多些安慰，对疤痕也就不会那么在乎。生活告诉我们：有本事引领生命穿过万水千山的心灵，才有本事引领自己走过内心的黑夜。

每个人的内心都有疤痕，学会“无视”它，学会以光芒四射的其他事物“替代”它，我们也就有了一个光洁、灿烂的人生。

别高估了自己，去试试就知道了

达到顶峰的山路都是盘旋向上，人生也是这样子。他的每段路都需要我们去经历，要走直路，直接向上，那需要我们有很好的基础，很好的积累。人的成长都是经历积累起来的。

常常在夜深人静，在总结一阶段得失的时候，我都会在感慨，一路走来，自己真的是走了太多太多的弯路。在跟朋友聊天的时，我也说，假如人生路上要是有个人可以带下该多好。

只是转眼又想了，假如没那么多次的摔倒，也许也就没有现在的我，也不是现在的我了。

大家应该记得上次我在文字里说的辞职考公务员的小学妹，用了8个月，她终于考上了。

不是真的公务员，是村官，但是她说，至少往前进了一步，以后会继续考的。她面试通过了，体检过了，很开心，也就打电话报喜了，因为是当初我老叫她一定要坚持考下去的。

想着她在大学没毕业的时候，我就告诉她，你这样子娇滴滴的小姑娘真的要考。

但是她跟我当初一样，毕业了就出来了，后面上班了一年半才辞职去考。

有时候我也在想着，假如人生能够倒着活那该多好呀，就不用走这么多弯路了。

每次听着韩红的天路那首歌，我都会觉得那好像真的是在写我的人生路。

想着在大学的我，要是可以像现在懂得这样多，那人生路肯定也都不一样的了。至少当初是不会那么早出来了，因为比我还笨的同学现在都读到博士了。

所以尽管感慨是感慨，但是还是想着，能多学一点就多学一点。

大学时，觉得自己厉害，书真的不用读那么多，更不用那么精的读。

毕业了，摔倒了，才知道，能多读一点，就多读一点，多读一点，就可以多懂一点。多懂得一点就可以少走一些弯路。这么多年来，每年在走错路上花的钱比自己省得钱多多了。

当然，也是自己真的摔倒了，痛了，才会这样的感悟。

所以，现在总是会拼命地总结，拼命地去学习，我知道，用心多点，以后就可以多顺点。

现在的弟弟也跟当初的我一样了，我怎么说他他也不会听。也是告诉他要考公务员，但是他却还是说不考，并且说公务员的种种不是。对于此，我也真的是不能说什么。

因为他没有经历，我告诉他，而且他还年轻，抵触心理特别的强。

自己成长才是对别人最大的帮助，每次别人不听时，我都是对自己说这句话。

也是的呢，自己也真的是还成长得不够，至少很多的东西都还没做好。

只是在内心深处我也都在想着，能少走一点弯路就少走一点弯路，虽然我知道走弯路是必需的。因为知道自己一路走来真的不容易，很难很难，身边的好多朋友也都是起落几回。

上面那个考上村官的弟弟，1990年的，我们也都经常会聊，他现在是自己开店的。

他初中还没毕业就去上班了，当搬运工，月薪800元，做了2年，觉得要出来自己做，于是就想着去成都开店，正好碰上糖酒会，结果去了2个月把积蓄花了大半，只能回来。

后面回来上班，上了1年，又听说北京好开店，去了半年，钱也都花光了，人又回来。

还是做那800元的工作，只是从北京回来后，他不在当搬运工，而是跟老板说，在店里当帮忙卖货的小弟。1年后，他出来自己开店了，在老板隔壁开。

结果老板的客户被他抢得差不多，但是对于他来说，他是成功了。

至少一年可以赚40万元左右。第一年开店，一年40万元，没那么简单的。

多少的别人都是要开店几年才可以盈利，但是他说，他第一天进货过去，货还没有摆上，很多的客户就当场定下了。因为对于他来说都是老客户了。

其实我们大家都知道，要是没有他上面2次出去自己闯，肯定他也不知道自己到底还要做什么，还有哪些地方需要注意的。也是经历过了才懂得什么才是最为需要的。

因为他创业的时候2万块起家，家里支持1万五，但是装修就去了6万。

那些货呢，这些可都是在原来老板那里上班，偷偷积累下来的信任，一下也才起来。

前几天他过来找我的时候，我弟也在旁边，我们一起吃饭。

他也说，一定要考，因为他姐姐考上了，但是我弟弟还是老样子，反说了别人。

我们想到网络也有很多很多的人，也总觉得别人容易。

只是当他自己真的去做的时候，会发现，真的没发现，没那么的简单。

因为他自己没经历过，很多的东西，还他在自己猜想的阶段，不是真的成长。

比如我们知道一个人他也就靠天天写文章，一年可以赚100万元，他什么手法，每天写多少字，在哪里写，写什么文章我们也都知道了，但是我们去做了，真的能赚100万元吗？

更主要的是我们能像他那么坚持，能写出他那么好的文字吗？

开酒吧那个朋友说，人很多的时候，真的是高估了自己。

总觉得自己可以做很多的事情，其实当真的去做了，才会发现，自己真的什么都做不了。而且所能做的一点还是经过很多的精力去换来的。我知道他说的这句话是真心话。

跟我们很多人一样，他也是经历过太多太多的失败。

为了创业，曾经把房子都卖掉的人，也曾经天天到处求人，却是依然没有一分钱收入。

他说，什么东西该做，什么东西不该做，什么东西该怎么去坚持，自己真的经历过了体验才最为深刻。有些东西甚至砸得脚痛了，甚至自己一辈子都不会在去碰了。

进入一个新的行业，每个人的成长，走弯路都是必需的，只有多与少的区别了。

人肯定都会遇到边边角角的问题，最关键的是，我们能不能多学习，然后在碰到的时候能少损失。更关键的是，我们能不能懂得总结，争取不第二次地走那弯路。

达到顶峰的山路都是盘旋向上，人生也是这样子。他的每段路都需要我们去经历，要走直路，直接向上，那需要我们有很好的基础，很好的积累。人的成长都是经历积累起来的。

口味那么多，你总会知道自己想要哪一种

人生就像巧克力，你在做选择的时候，就会知道自己想要的是什么口味。

[1]

昨晚，看到这样一句话：

一直在寻找，却压根不知道自己想要什么。

“人想要什么”一直是个难以解答的课题，但我相信，只有那些有资格做选择的人才能搞清楚自己到底想要什么。

举个生活化的例子，我们经常会遇到这样的情况：

几个人出去，到了饭点儿，一人问：“吃什么好？”

大家很多时候都会答“不知道、随便、都可以”，因为一时间都不知道自己想吃啥。

但是假如我们的眼前有日料和烤肉，那么我们就会去做出选择。

到底是日料还是烤肉，或许你还会因此想到要吃火锅

当我们面临选择的时刻，往往才是我们搞清出自己想要什么的时刻。

[2]

最近，部门领导找我谈话，说：你新媒体做得不错，我想把你调整到部门的主要业务里做微信公众号的负责人。

面对一个加薪的好机会，我有了人生中为数不多能够改变现状的选择权。

站在这个位置，我终于好好地思考了一下自己到底想要什么。

先说说我是怎么得到这个机会的吧。

全因为我把一个曾经默默无闻，五篇文章加起来只有两位数点击的公益小号，做成了业内领先的标杆大号。

我说自己的内容做得是第二，我相信暂时还没人能出来说他们是第一。

是的，我就是这么自信。

我从来都告诫自己：做不了最厉害的那一个，我也得是最厉害的那一群里的一分子。

在我这个行当，一篇文章阅读量有2000已经是破了天的，而我却能轻松达到好几千甚至创造5位数的点击。就连新浪、凤凰做的同类公众号也不见得比我优秀。

这个结果也让我明白了一个道理：

只有你有一样能力能拿得出手的时候，才有选择的资格，有了选择的资格你才能搞明白自己想要什么。

[3]

虽然，我决定拒绝领导伸出的橄榄枝，但我却很珍惜这个能让我思考人生到底应该是怎么样的机会。

我只有二十多岁，钱只是一方面，找到方向才更弥足珍贵。

我想做一个好内容的“产品经理”，而不是官样文章的复制者，木偶人。

不是说：

生活不只有眼前和苟且，还要有诗和远方。

我既然选择了远方，燃尽青春，我也只顾风雨兼程。

当我把我的决定告诉一个学妹时她很讶异，她说：我很羡慕你有这样的勇气放弃升职加薪，我感觉自己现在的岗位毫无希望，根本看不到未来的前景。

我告诉她：你应该问问自己，你的身上有哪一样是拿得出手的，不说最好，比起你的同事也是顶好的几个之一。

假如你没有这样的能力，那你应该坚持一下，再坚持一下，直到有一天你能够理直气壮地说你有一样儿在你这个单位没人能比得上你。

那么选择权自然会到你身上：是升职加薪还是奔向更好的平台。

[4]

我是怎么样培养自己有一个拿得出手的能力的呢？

我很认真地列过一张表格，把自己擅长的东西都排了出来，打上分数。

比如：

策划能力多少分，写作能力多少分，分析热点能力多少分，文字包装能力多少分……

我发现自己的写作和文字包装还是能看得过眼的。于是我开始了一个长时间的学习，力图把我的长处变成我的闪光点。

为此，我关注了几百个公众号研究各种类型热门文章的不同架构形式和包装方法，强迫自己不断地去模仿，去写作。

当我发现自己做的微信和最好的那些看起来差不离，点击量也很可观的时候，我知道我的努力没有白费。

最终，当其他编辑还在为点击量焦头烂额，苦思冥想的时候。我气定神闲一早做完，剩下大把时间读书写作的时候。我知道我比他们强，我的工作是拿得出手的。

自然，我得到了选择加薪还是选择平台的机会。

总是听人抱怨工作迷茫，不知道自己想要什么。

你连选择权都没有，有的只是眼前和苟且。你又有什么可能去想要诗和远方？

我们的选择决定了我们能成为怎样的人，而我们的能力则决定了我们能有怎样的选择。

只要坚持一下，再坚持一下，你就有机会向世界发出呐喊，就有机会成为最优秀的那一类人，就有机会手刃这个世界。只要你不曾投降，只要你没有绝望，你会变得宽广，世界也就会渐渐露出缝隙。

世界不曾亏待那些努力把自己变得优秀的人们，它会给他们一个选择，去过上更好的生活。

人生就像巧克力，你在做选择的时候，就会知道自己想要的是什么口味。

能选择的人，又怎么会迷茫呢？

别让焦虑束缚住了你前行的脚步

身边有一个年轻的小朋友，最近有点焦虑。他即将大学毕业，马上要踏入社会。他的焦虑在于，他未来想立足的城市，房价高得离谱，他不知道什么时候才能拥有属于自己的小窝。

对于他的这种焦虑，我很能感同身受，毕竟我们都曾有过一样茫然失措的青春。但我们也都曾错把想得太多当作上进，似乎不焦虑就是自甘堕落。而那些经常想太多的人，总是自以为，心里有一片草原，养着一匹骏马，那匹骏马日夜嘶吼，让人寝食难安。

然而，走过那段青葱岁月，我反观从前，心里会觉得，那时的自己错过了当下，却并未真正拥抱未来。这也是我的一个同学使我看清的一个事实。

我和很多人一样，从大一开始就莽撞地奔跑，参加很多社团，出去找实习，忙得上蹿下跳。听说上一届就业形势不容乐观，据说我们会是就业最艰难的一届。这是每一届毕业生都听过的最真实，也最让人焦虑的谎言。所以，我们不得不多想一些。就业，结婚，买房，这很轻易地就成了压在大家心头的三座大山。

还好，总是有另类的人，他有着和一般人不一样的节奏，譬如阳子。阳子家境贫寒，兄弟三人，都是正读书的年龄。父母负担很重。阳子的大学自给自足，学费和生活费都是自己赚来的。仅此一条，我们就可以看出来，阳子是个很上进且很励志的人。但是，在彼时我们的眼里，并不是这样的。他过得太

“悠闲”了，心里似乎从来不想事儿。每天清晨和黄昏，他都会骑着那辆破旧的自行车，挨个宿舍去送牛奶。

他真的太悠闲了。他送牛奶都是吹着口哨，面带微笑。偶尔路上遇到熟人，他还会停留几秒，打个招呼，调侃几句。当然，他的兼职不止送牛奶，但是这项兼职出现在公众视线里的机会比较多，所以人人皆知。但他从来不缺席课程，也不错过学校里的重要活动。

阳子仗义，乐于助人。有一次，班级里面一个同样家境贫寒的同学因为助学贷款没及时到位，学费交不上，急得团团转。阳子一下子借了几千块钱给他。这让我们这些伸手跟家里要钱，月月精光的穷光蛋，大吃一惊。他自给自足，居然还能够攒下“小金库”。

如此仗义热情的阳子人缘自然很好。虽然他乐观平和，但是大家不免为他多想一些。“你是个光脚的孩子，你更应该多考虑下未来。”“是是是，我们每个人都知道你很上进，但是这有什么用呢？送牛奶能送出个好工作吗？”大家各持己见，有人建议他，不要为了眼前这点小利益，就放弃对未来更细致的规划；有人建议他，适当的时候可以翘课，出去给自己充充电，学习好不一定能找到好工作，多积累工作经验才是正道。

不管什么样的观点，大家终归是觉得，阳子这样整天不想事儿，是对未来的不负责任。阳子的回应总是哈哈大笑。他认为，未来会一步步走过来，现在想那么多做什么？工作和钱总会有的，现在吃的这些苦未来未必有机会再次体会，所以当然要吹着口哨快乐地享受。

大家摇摇头，继续转身为自己的未来想那些该想的和不该想的事情。焦虑写满每个人的脸，未来实在让我们不能不想太多，以至于没办法好好上课，好好快乐。

毕业时，大家西装革履，兵荒马乱地穿梭在各大招聘会上，恨不能用大学四年辗转难眠的每个夜晚，感动每个面试官。而阳子，和大家一样，投简历，去面试，依然愉快地做着每一件事。应聘之余，他还着手准备大学生创业项目。

他策划的是一个送水的项目，给各个宿舍送饮用水。水源优质，物美价廉。关键是，他几年的送奶经验让他对学生服务工作颇有心得，也擅长于跟门卫大叔阿姨交流，收集信息。而我们，经过一轮轮的面试，工作好或者不好，终究都找到了新的奋斗方向。我们曾经焦虑的“毕业即是失业”并未发生，我们并未成为自己担心的“啃老族”。

回望时光时，那年毕业，阳子比我们多的并不是更高的起点，也不是后来比我们多赚的钱，而是比我们更早懂得享受当下，把每一天都过得妙趣横生。而我们，被那个跑得太远的心裹挟着，脚下步伐仓皇而狼狈，错失了太多风景。

有时，想到阳子，我会想起《海上钢琴师》里面那个指尖流淌着繁华的男人。阳子和他有着相似的特质，都专注于当下，不盲目地想太多，不过度焦虑，却让未来每一天都生出了繁花。

重温这部剧时，有一个片段，依然会让我的内心有不小的震动。当轮船受到风暴袭击时，人们东倒西歪、张皇狼狈、心生埋怨，而钢琴师来到宴会厅，优雅弹起钢琴，任由钢琴随着轮船四处滑动。琴音美妙，而弹琴的那个人风姿翩翩，安然享受。他的怡然自得，似乎在告诉每个人，既然风暴总会过去，何必错失一个有趣的当下？

这个热爱弹钢琴的男人，他在剧中有一段经典的话，大体意思是：路上的人总是喜欢寻根究底，虚度很多的光阴。冬天忧虑夏天的迟来，夏天担心冬天的将至，所以才会不停地到处去追求一个遥不可及、四季如春的地方。

所以，什么年纪就该做什么样的事，不是想太多就代表未雨绸缪，也不是想太多就能拥有更好的未来，这样反而容易让我们错失现在。二十出头的年纪，是真正的生活到来前的过渡期，这个阶段尚未充斥着太多的柴米油盐，正是放手拼搏当下的好时机。想得太多，只会给自己太多枷锁，束缚住了脚步。

每一个未来都是由一个个不辜负的现在串联而成，未来会通过脚下的步伐，朝我们一步步走来。要相信，如果时光能倒回，很多人想做的，真的只是，重新过好当下的每一刻，在该做梦的季节不去焦虑柴米油盐，在该柴米油盐的年龄把锅碗瓢盆的叮叮叮当当谱成诗歌。

你不需要委曲求全地将选择权交给他人

何怀宏先生说过：我们总是过于的匆忙，似乎总是要赶到哪里去。而我想问，我们之所以那么忙碌，是不是因为我们在活自己的时候，也同时临摹了别人。

很多听众问我：我是应该按照父母的意愿选择他们希望我从事的工作，还是应该自己按照兴趣遵从自己内心的选择。我是应该接受父母安排的相亲，和那个在他们看来一切条件都很好的人在一起，还是应该凭着自己的感觉去找一份我真正想要的爱情。我是应该留在家乡这座小城安安稳稳又没有压力地度过一生，还是应该趁着年轻去大城市闯闯，给自己的人生一些新的可能。

我看过太多太多这样的提问，我特别清楚这种矛盾的感受。因为我也曾经有过这样的阶段，我也因为害怕伤害别人而违背自己真实的想法。但是后来我发现，自己的人生，不可以交给别人来替我们做选择。

我们应该要能听进去别人的建议，但最后又能拿出自己的魄力。结果怎样真的没有那么重要，因为在走到终点前，本来就没有任何一个人可以知道结局是好坏。可是没关系。只要那是我们自己选的，就是没有遗憾的，就是无愧于心的。

别人替你选的，是你真正喜欢的吗？

别人说，浪费光阴还无所事事碌碌无为的人，都是不尊重生命过程的。所以，我们就开始拼命醒着拼命工作，丢掉假期丢掉休闲，生怕一停下来就落后，生怕一舒服就被认为是不努力。

别人说，生活不止眼前的苟且，还有诗和远方的田野。所以，我们又开始以找寻远方为由，漫无目的地游荡。将手头的工作视为鸡肋，抽空负重抽空责任。而你有没有想过，追求远方或是着眼于前，你的重要决定是你真的想要并热爱的吗？

三人成虎的故事如今愈演愈烈，若是有人要想让你信服他的观点，难免会夸大其词。如同道德底线的问题，有人横加指责，有人为之辩护。这两样依照辩证思维都是正确的，都是经过一群人的思索探究得出的结论。

但很多时候，当我们自己面临这样双面性的问题时，就成了秋草的飘荡。哪一方的论证更加有强劲、更具说服力就倒向哪一方。然后，我们就逐渐了失去自己找寻观点的能力，我们变得被动，变得不会自己做决定做选择。

你不是选择恐惧，你是根本不知道想要什么

人生中有很多需要征求别人意见的时刻。挑选哪个颜色的窗帘，选择哪份从事的工作，早餐吃甜粥还是汤面，零食是饼干还是薯片。在生活里这些无处不在的选择中，我们很少完全独立地去做选择。我们总是喜欢并习惯性地问着，自己到底应该选择哪一个。

可是不管别人说了什么，最后的决策权都在我们自己手中。做任何决定最重要的就是，要满意最后施行者的自己，不然此后的任何不满都会变成我们抱怨的戾气。

因为人都有这样的一种心理，总觉得自己手里的没有别人手里的好，总觉得自己买走的那件比不上还摆在货架上的那款。总觉得如果当初选择的是另外一样，就会有比现在更好的结果。然而，选择是自己做的，别人的建议也只是别人的判断。到最后还能对自己负责的，只有自己。

在天气预报说是晴天的下雨天被淋湿，我们经常是责怪不够准确的机器。在自己请客的饭局上吃着不合口味如同嚼蜡的饭菜，我们也常常是抱怨别人之前的提议。我们都习惯了听取他人的意见后，再从他人身上找原因。

你听从父母的意思，为你安排的大学专业和就职岗位，你办公桌上跟随别人意愿去购买的绿植和摆件。可关键是，这些是你真正想要的吗?

为什么你自己的人生，总要让别人选择?

淘金的狂潮和前赴后继的淘金者，人们所视的铁饭碗和蜂拥而上的人群。我知道，极力地模仿是因为生活终归是太苦，总要在前行者身上找寻休憩的滩涂。可前行者也正是因为打破了更早的前行规则，他们才被认为是有价值的前车之鉴。

无数本的名人传记里传授的不是希望你比着他的模型生活，而是让你看到他们是怎样去选择的。老人有老作为，新人有新成就，既然什么都不可能是一成不变的。那你为什么就不能完成一次独立的思考，去给自己的人生做个选择。

梭罗说过，他希望世界上的人越不相同越好，每一个人都能谨慎地找出并坚持他自己的活法，而不是简单地因袭和模仿他父亲的母亲的，或是邻居和别人家孩子的生活方式。既然一个圆能画出多少条半径就有多少种活法。那为什么我们总要去尾随着别人的路线，亦步亦趋地走钢丝呢?

有句话说：“一厢情愿，就要心甘情愿。”这是两个人的关系中，付出更多爱的那个人的写照。《最好的我们》里面，路星河不就是这样吗。其实活自己和一厢情愿也相差无几，虽然悲伤，但你怎么知道他不是甘之如饴。如果你问我，我希望我们的生命，宁可特立独行到不被看好，也不要失掉灵魂总在学习着别人生活的模样。因为至少，我还是我自己，而不是其他人。

其实，我真的是个在坚持自己观点上不想委曲求全的人。而我这样的性子在生活中，也经常被人称作是倔脾气。但起码，我是走在自己热爱的路上，所以我有持续不断的热情，所以我愿意付出更多的努力。所以如果你问我，为什么一定要自己做人生中的许多选择，就是这个原因。因为是自己选的，所以很快乐，所以一定会为了那个选择而用尽力量。

春夏秋冬，哪一个是最好的季节。东南西北，哪一个是最准确的方向。谁也不知道，谁也没办法做出一个能够说服所有人的选项。就好像是盐和糖，谁更重要。一生中我们会遇到的没有正确答案的问题实在是有太多太多。

有理由地选出最喜欢的，至少不是随波逐流后的自我安慰和催眠。有一些路，就是无法复制粘贴才称得上是独属于你的。并不是刻意地去标新立异与众不同，只是只有真心，才能让我们做好手头的事情。

不多求不妄求，坏牌赌一张，好牌也只赌一张。心脏只有那么大，想要的也并不多。需要面包，需要美丽，和需要一个可以祈祷的地方。

你总是在害怕，然后总是什么都做不成

有人曾说，自信和希望是青春的特权。但奇怪的是，我们身边绝大多数的“20多岁”，都处在一个焦虑不安的状态，总是害怕来不及，怕到最后什么事情都做不成。

[1]

有人曾说，自信和希望是青春的特权。但奇怪的是，我们身边绝大多数的“20多岁”，都处在一个焦虑不安的状态，总是害怕来不及，怕到最后什么事情都做不成。

小A说，我今年读大二，在一所三流的学校读着自己并不喜欢的专业，经常翘课宅在宿舍里打游戏，没有女朋友，没有社交，一想到很快就毕业了就无比焦虑，但是却不知道该怎么办。看着以前的那些高中同学都在各自的学校混得有头有脸，有些甚至提前拿到了工作录取机会，我连老家的同学聚会都懒得参加，不知道以后的路要怎么走，怕自己毕业了连个像样的工作都找不到，只能灰溜溜地回老家。

B君说，我今年26岁，在国内的一所高校读研究生，眼看着身边各种厉害的人发表论文出研究成果，自己却毫无建树，很着急，很害怕。

C君说，我今年刚刚毕业，起初还有很清晰的规划和目标，可是到末了还是乱了阵脚。我并没有想好自己要成为什么样的人，想要一个什么样的将来。我和男友的家乡一南一北，爸妈坚持要我回老家考公务员或进事业单位，过上他们口中安逸、舒适和体面的生活，但我不喜欢啊，结果整天浑浑噩噩地也没考上。一个月3000元的工资，你还记得那个笑话吗？一个月3000元你就想请个农民工，简直是笑话，3000元你只能雇一个大学生。一想到这里我就无比心酸，可家里人3000元的工作不让我做，又不让我进企业当一个普通的上班族，甚至连恋爱都不让我谈。他们宁可把我关在家里，让我“二战”公务员考试。我好害怕，不知道后面的路怎么走，我没有豁出去的勇气。

D君说，到2015年7月，我就毕业两年了，毕业后就一直在现在的单位工作，但是两年的时间里，工资没涨过，职位没提升过，事业上毫无起色，谈了五年的恋爱不咸不淡，最近还面临着“被分手”的尴尬处境……我像是一望无际的海洋上迷失方向的船只，看不到方向，看不到未来，甚至看不到我来时的路，只能走一步算一步。

你看，有这么多“20多岁”的我们，一样20多岁正青春，一样地那么害怕。

[2]

深深地陷入20多岁困惑和害怕的泥沼中的你，可曾停下来，安静地思考你为什么会害怕？我在简书上写了《你才20多岁，为什么总怕来不及》后，短短几天内浏览数达8万多，喜欢达2100多个，引发了很多人的共鸣，很多人说我写出了他们的心声。于是，我花了一段时间思考，我想知道我们害怕的原因，想把它们写下来，也许这样更能够帮助迷茫困惑中的每一个我们。我想我们大部分人的害怕，是出自以下几种原因吧：

1. 能力与野心不匹配

也许你是一个胸怀大志的人，也许你有许多远大的梦想，你甚至梦想着改变这个世界，或者改变人们的思考方式和行为模式。如果你在互联网领域创业，也许你想开创一家打败BAT的公司；如果你是一个文艺工作者，也许你希望全世界看到你的作品，听见你的声音，欣赏你的画，读懂你的文字；如果你是个初出茅庐的应届毕业生，你希望自己在职场上锋芒毕现一展才华。

然而，理想很丰满，现实很骨感。你的梦想很远大，但你的能力与野心却并不匹配。如果是这样，那不如把大大的梦想切割成一个又一个分阶段的目标，逐个击破，一一实现，用一个阶段又一个阶段的努力和奋斗，让自己越来越靠近最初的梦想，最终的目标。同时，审视自己的优势、劣势，将长板的优势发挥到极致，将短板的劣势一点点补上，直到自己的能力与野心相匹配。

2. 读书太少，经历太少，想得太多

你有没有想过你的害怕，是因为自己读书太少，却想得太多了？

由于时间、空间、经济条件和社会资源的种种制约，我们每一个人看到的世界和风景是有限的，见过的世面是有限的，所以我们是无知的，是狭隘的，很多时候，我们以为眼前的困难和绝境是无法逾越的鸿沟，就是一种永恒。直到现实告诉我们，所有的问题终将是时间问题，所有的烦恼终将是自寻烦恼。你20多岁的时候，觉得自己一无是处，身无长物，但你有没有想过你所羡慕的那些三四十岁事业有成、家庭美满的人，他们也是从一无所有的20岁过去的。而你的20岁，也只是你人生旅途中的必然经历的一段路径而已。

所以，与其胡思乱想地自寻烦恼，倒不如多读点书，多走出去看看这个世界，也许你会发现一个不一样的维度。举个例子，你很苦闷每一月只有3000元的工资，吃完饭付了房租就什么都做不了，但是当你去了土壤贫瘠、贫穷落后的非洲时，当你看到那些孩子连舒服地洗个澡吃一顿丰盛的饭菜都是一种愿望时，你还会那么痛苦那么纠结眼下的经济窘境吗？当你知道贫困破败的尼泊尔，一个南亚山区内陆的弹丸之地的小国，却有着“世界上最幸福的国家之一”的美誉，那里的人生活简单而心满意足时，你会不会从另外一个视角去审视自己的人生和生活？会不会觉得物质的贫乏并不是我们痛苦的根源，欲望和比较才是？

3. 要得太多，欲望太重，做得太少

你想要得太多，但你做得太少。你既想要像“世界那么大，我想去看看”的事件主角一样，拥有那份勇敢去看世界的潇洒和决绝，又想要像舞台上逆袭的屌丝一样，分分钟当上总经理、出任CEO、迎娶白富美，华丽转身为人生赢家，你什么都想要，所以你什么都得不到。

从0到1是量变也是质变，你是不可能跳跃步骤，直接得到想要的结果的，因为你不是神，因为你的人生没有特效和外挂。你不可能在年轻的20多岁，既心心念念舒适和安逸，又怀揣一个励志奋斗的美梦？什么都不用做，就可以成为人生赢家？你想得好美啊，你以为你是富二代吗？如果你说富二代拥有的金钱和地位使得他们根本不用靠实力证明自己，那么很好，我想我们不是一类人，这篇文章大概也不会对你的胃口，你不用看下去了。

欲望原本是一张白纸，本身没有对错，也不懂得区分对与错，是人们受着欲望驱使做出的选择和行为使得欲望沾染了不同的颜色，有了不同的定义。所以，你想要很多东西，这并没有错，只要你的“欲望”不违反道德与法律，不侵犯他人赖以生存的权利，那么就去追逐你想要的好了。你想要得太多？物质、金钱、爱情，你都想要，没有关系啊，慢慢来啊，用你的努力换取一个个事业、爱情、生活上的成功，直到你慢慢地得到所有自己想要的。就算你没有得到自己所有想要的，也没有关系，人生这场旅行注定了会是不完美的完美，多少会有遗憾，多少会有不甘。我们所能做的就是在自己有限的时光里，尽最大的努力，把人生变成我们喜欢的样子，无限靠近我们喜欢的样子，这样就够了。

4. 落后太多，害怕追不上同龄人

这个世界山外有山，人外有人，我们所处的这个世界，我们所生活的周边，都存在着太多厉害的人物。也许你觉得不公平，为什么有些人天资聪颖，小小年纪就考上世界顶级名校，为什么有些人含着金汤匙出生，衣食无忧顺风顺水，为什么有些人明明和自己读同样的学校，吃同一个食堂，就是在能力与才华上秒杀你好几个段位？你想不通，更觉得不公平。你着急，你害怕，你怕自己永远也追不上他们。

而我想要说的是，人生这场赛跑本来就毫无公平可言，起点和终点都不公平，你无法选择自己在一个什么样儿的家庭出身，无法选择自己的长相和天分，更加无法选择自己在一个什么样的时间节点、什么样的情景和氛围下离开这个世界。对于这样一个注定了不会公平的事情，没有什么好抱怨的，因为抱怨也没有用。

至于落后于人，仔细想来也不算一件太糟糕的事情啊。难道你不想先抑后扬，享受一下从落后于人的籍籍无名到一朝成名KO对手的淋漓快感？太简单的人生，就像太过简单的游戏，一点都不好玩。打败几个虾兵蟹将有什么意思，干掉大BOSS才算有点意思。

与其临渊羡鱼，不如退而结网。与其深陷与身边牛人的巨大差距带来的“落差感”中无法自拔，倒不如安安静静地积蓄自己的能量，直到你的能力爆发出耀眼的光芒，被全世界看到。

5. 根本没有目标，不知道自己要什么

有很多迷茫的20多岁的年轻人，正在经历着恼人的害怕，是因为他们还没有想清楚自己究竟要什么。他们不想随波逐流，不想过被安排好的人生，可是他们又并不知道自己要什么，连与命运抗争的热血和动力都没有。

如果你没有目标，就去找目标。如果你不知道自己想要什么，就努力去想清楚自己究竟要什么。如果你确实无从下手，那么不妨去向一个人生阅历和资历都长于你，却又不会倚老卖老的人寻求建议。如果你身边没有这样的人，那么不妨尝试着远离周遭喧嚣的世界，一个人安静地思考，静下心来，我想你总会发现点什么的。如果你还是不知道从何处下手，那么不妨从自己的性格、兴趣和爱好着手思考？想想什么是自己喜欢且擅长的，或许会有意外之喜。我自己是英语专业的本科毕业生，但毕业后却去了一家广告公司做策划。毕业的时候，我开始也不知道自己要做什么，后来我想了好久，发现自己一直都喜欢思考，喜欢写，喜欢组织策划活动，喜欢去影响别人，所以我选择了一份广告策划的工作，后来也做得很开心，很辛苦却也很开心。

6. 努力了，但看不到效果，越来越茫然

有些朋友跟我私信或者发邮件聊天，他们说努力了还看不到效果，所以越来越茫然，干脆放弃算了，再也不相信什么努力了就一定会成功的屁话了。对此，我只想说，努力了不一定会成功，但是不努力你一定不会成功。努力以后，好歹还能看见一些未来的画面，或是半只脚踏进成功的门槛，不努力可能连成功的影子都看不到。

绝大部分人在努力的时候，是不知道且不确定自己什么时候会成功的，所以他们能够做的就是一直努力，一直优秀。说一个我们从小到大都听过的故事吧。爱迪生发明电灯时做了一千五百多次实验，都没有找到适合做电灯丝的材料，有人嘲笑他说："爱迪生先生，你已经失败了一千五百多次了，还要继续吗？"你猜爱迪生怎么回答的，他说："不，我没有失败，我的成就是发现一千五百多种材料不适合做电灯的灯丝。"后来经过进一步试验，爱迪生终于发现用炭化后的日本竹丝作灯丝效果最好。直到1906年，爱迪生又改用钨丝

来做，使灯泡的质量又得到提高，一直沿用到今天。成功有时是需要试错的，说得再直白一点，失败是成功之母。再说一个最近大家都喜欢的歌手吧——李荣浩，从台后到台前，从默默无闻的制作人到人气火爆的流行歌手，人家也走了十年啊。如果他中途畏难放弃了，那么也不会有今天的他，不会有我们喜欢的《李白》《模特》《老街》和《太坦白》等歌曲。

与其茫然苦闷，倒不如把眼前的失败当作是一种历练，当成是靠近成功的垫脚石。在失败中积累经验，在失败中寻求新的方法和秘诀，只要你一直坚持，我想你终究会成功的。你之所以还没有成功，可能恰恰是因为你做得还不够多，你做得还不够好罢了。

[3]

我一直相信，20多岁正青春，是我们所能拥有的最好的时光。自信和希望是青春的特权，努力和奋斗是青春的主旋律，我们不必害怕，不必不安。你既然爱一个人，你何必要计较花多长的时间才能追到人家？同样地，你既然选择了远方，又何必要在乎走多远呢？

愿你坚强，不再软弱

很早就见过他，平头、白衬衣、一双炯炯有神的眼睛。从我们高二楼前经过时，怀里总抱着厚厚的书。只知道他学习刻苦，但那天才知道，他是高三的尖子生。

那个暖洋洋的午后，班主任带着几个高三学生来给我们讲学习方法。五六十双眼睛齐刷刷看着台上轮流上阵的优秀生，无不流露出钦佩羡慕之情。

他是最后一个上台的，和前几位不同，没有大谈经验方法，而是直接拿起一根粉笔，在黑板中央洋洋洒洒写下一道数学题。这道看似普通的难题，他却用了不下5种方法来讲解。当3米长、1米高的空间写满公式符号，他终于笑了，这就是他要给我们讲的学习方法，贵在开拓思路。

只是他没想到，他同时也开启了一个女孩蠢蠢欲动、粉色荡漾的心。

在那堂课结束后，我打听到关于他的很多信息，他叫沈恪，年级前五名，热爱运动，获得过省数学竞赛一等奖。更令我惊喜的是，他的教室在我们楼上，每次放学，都会从这里经过。为此，我借故调换了靠窗口的座位，窗玻璃上贴着花纸，切开一个小口，就可以看到他匆匆走过的身影。

以往晚自习，总是一打铃我就回宿舍，后来观察到，自习结束后他还要待一会儿，我便一边看书，一边瞥一眼窗外，等他出来才收拾起书本。

那天晚上，只顾低头做题的我忘了看窗外，当难题终被解出，再抬头，熄灯铃都响了。我懊恼地收拾好书本，刚走出教室，四周便漆黑一片，想起小说里的恐怖情节，心跳如鼓。这时，前方啪一声蹿出一丝光，借着这亮光，我竟看到沈恪，举着打火机站在那里。他嘴角带着一抹笑，望着我说，你不必每晚等我，我来叫你。

我红着脸恨不得找个地缝钻进去，17岁的秘密就这样，在他的聪慧机敏下，不告而破。

[1]

果然从那以后，每晚，他都会轻叩两下玻璃，然后，靠在栏杆边等我。我的秘密变成了我们的秘密，心照不宣，守口如瓶。刻板平淡的高中生活，因为那两声轻叩，绚丽多姿起来。

晚上结伴而行的路上，我将抄有难题的纸条递给他，第二晚，他把写好解答的纸条再还给我。有时，旁边画一只可爱的皮卡丘。他安静的外表下，其实有颗顽皮的心。

我向他借高二的物理笔记，他蹙眉犹豫了一会儿，又点点头。三天后的课间，窗台上放了本笔记本，隔着玻璃，深绿色的封皮平整光滑。我快速跑出教室，打开笔记本，映入眼帘的干净清爽告诉我，它的崭新。我问他，他才说，以前那本弄丢了，重写了一本。高三的时间，寸阴寸金，一本笔记也许就是三套模拟题。可他，轻描淡写，便草草带过。

老师们希望沈恪左拥清华，右抱北大，为学校争光，载入史册。但老师们的鼓动并未奏效，他的目标庄重而务实。那所学校虽然没有清华名气大，也没有北大历史久，但它的航空专业却是沈恪心仪已久。

为此，我也暗下决心，将来报考这所重点大学。然后，与沈恪手牵手走在栽满杜鹃的校园里。

[2]

体检完后，离高考就只剩八十多天了。学校里的空气都似凝固，到处充满紧张压抑的气氛。沈恪反而放松下来，他不再每晚加班学习，一打放学铃便走出教室。

我想大概他胸有成竹，箭已在弦，只等一发。可有一晚，自习还没结束，他竟提前走出教室，经过窗口时，他没有停步。我顾不得周围人的惊异，跑出教室，在楼梯拐弯处将他拦住。

月光清透，我们的影子长长地拖在脚下，我一番不要松懈，要加油之类的老生常谈，他听了只是笑，轻蔑地笑。他说我怎么可能考不上，倒是你，明年能不能考上大学还是问题。

他转身走了，留下我，愣在原地好长时间。第一次，我清醒地看到我们之间的距离，一个优秀生与一个中等生之间的距离，仿佛这蜿蜒的楼梯，跨了多少级台阶，才能再上一层楼。我心如死灰，垂头丧气地站了好久，直到放学的人群将我淹没。

第二日，我用彩色胶带堵住玻璃花纸的切口，并在文具盒里写下那所大学的名字。以此激励，我要考上，必须，一定。我将挺起胸膛走进它的大门，让沈恪无地自容，羞愧难当。

我主动断绝了与沈恪的联系，他也不再敲窗等我。偶尔在路上碰到，擦肩而过时，我们竟形同陌路。

那天黄昏在操场，我又看到他，踢球时腿受了伤，低垂着头坐在地上。许久未见，他显得颓废邋遢，头发凌乱地盖住眼睛，也许是过于疼痛，他开始失声大哭。

我远远地望着，他的软弱，让我感到诧异心痛。我一时间感到茫然，不知到底该相信那个在讲台上自信飞扬的他，还是相信眼前这个不堪一击的男孩。

我更不知这样的他如何去面对高考，以及未来道路上四伏的挫折。

[3]

那年的高考我记忆犹新，雨下了两天两夜，我等了两天两夜。当考完最后一门，我心里一时冲动，打着伞奔向学校。隔着雨帘，我看到满脸疲倦的沈恪。那是我们最后一次碰面，他淡漠地瞥了我一眼，将书本顶在头上，快步离开了。再没有只言片语，一切就已结束。

新学期时，高考结果被张贴在校公告栏，所有考入大学的名单都在这里公布。我找到沈恪，他的名字卑微地夹在中间，只是，考上的学校既不是他所期盼的，也不是什么清华北大，而是一所普通大学。

我应该放声歌唱，应该高兴。我不费一枪一弹，就狠狠地回击了他。他的自信成就了他，也是他的自信，摧毁了他。

可那一刻，我怎么都笑不出来，木然地站在橱窗前，整个人仿佛在烈日下融化开，黏稠无力。期待的结局似乎并不是这样。

紧张的高三开始了。我坐在沈恪坐过的教室，重复他经过的生活。我还是喜欢坐在窗口，看外面天空中，鸟儿自由飞翔。原来，再登一层楼，视野会如此开阔。

只是时常，晚自习结束，从题海中抬头，还是会想起沈恪，怨恨随着时间正抽丝剥茧。报考那所大学，更多地成了一种对自我的鞭策。

那年，我瘦了十几斤，换来的正是那所美丽校园的录取通知书。

[4]

大一暑假，为了迎接我的归来，父母在家里摆了一大桌菜，从医院刚下班的大姑妈也赶了过来。

聊到新鲜的环境，我滔滔不绝。姑妈问起我学校伙食如何，还反复提醒我注意传染病。尤其像乙肝之类的，最好打针预防。

姑妈到底是医生，警惕性太强。我笑姑妈杞人忧天，哪有那么多乙肝携带者。看我一脸轻松，姑妈叹口气说，你们上一届还是上上届，有个男孩，体检就查出是乙型肝炎表面抗原携带者。

我心里隐隐有种预感，我忙拉住姑妈的胳膊，那个男孩叫什么，叫什么。好像叫，叫……沈什么的，听说学习特别棒，可惜了呀，有的专业根本不收这类学生。

耳边似有一声闷雷惊炸，接下来的饭菜，我食之无味。真相被摊在桌面时，往事一下子那么沉那么沉。

那年体检过后，沈恪泄气松懈，当梦想落空，生命失去弹力，他没有了力量再次腾越。过往的疑惑在头脑中渐次过滤，难怪他曾疏远我，用言辞激我，在他折断梦想的翅膀后，更不愿我丧失飞翔的动力。

薄薄一纸化验单，让一个男孩坚毅的心志崩溃夭折。可最让人心痛的，那时的我没有在他身旁，哪怕一句安慰鼓励也没有。

后来，我辗转问了好多人，终于打听到他的联系方式。

依旧是个夜晚，拨通他的宿舍电话，一个男孩调侃地说，沈恪和女朋友浪漫去了。说完笑起来，还问我要不要留话。举着电话的手微微颤抖，我说谢谢，不用了。

当电话挂断，我再也忍不住，任眼泪肆意流淌。就在放下电话那一刻，我想起那年的黄昏，夕阳渐沉，沈恪坐在地上失声痛哭的表情。那么悲愤，那么失落。当隐忍的痛勉强找到一个借口时，终于轰然发泄。

每个人都以为他胆小，此刻我才懂，他哭泣背后的真正原因。

其实，那年他被扶到医务室后，我曾在门外徘徊了好久，但还是逃开了。我只是缺失了那么一点点勇气，紧守了那一点点自尊，为此，年少时最美好的一段时光，因为我的仓皇而逃，再也找不回来了。

我们都以为自己足够坚强，却原来这么软弱。